KB116562

초등
수학
한 권으로
서술형
끝

※ 검토해 주신 분들

최현지 선생님 (서울자곡초등학교)
서채은 선생님 (EBS 수학 강사)
이소연 선생님 (L MATH 학원 원장)

한 권으로 초등수학 서술형 끝 10

지은이 나소은 · 넥서스수학교육연구소
펴낸이 임상진
펴낸곳 (주)넥서스

초판 1쇄 인쇄 2020년 6월 25일
초판 1쇄 발행 2020년 6월 30일

출판신고 1992년 4월 3일 제311-2002-2호
10880 경기도 파주시 지목로 5
Tel (02)330-5500 Fax (02)330-5555

ISBN 979-11-6165-879-7 64410
979-11-6165-869-8 (SET)

가격은 뒤표지에 있습니다.
잘못 만들어진 책은 구입처에서 바꾸어 드립니다.

www.nexusbook.com
www.nexusEDU.kr/math

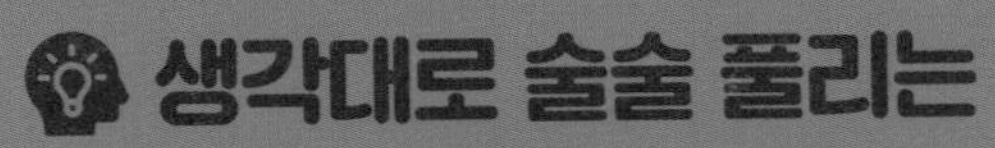

#교과연계 #창의수학 #사고력수학 #스토리텔링

한 권으로 서술형 끝

나소은 · 넥서스수학교육연구소 지음

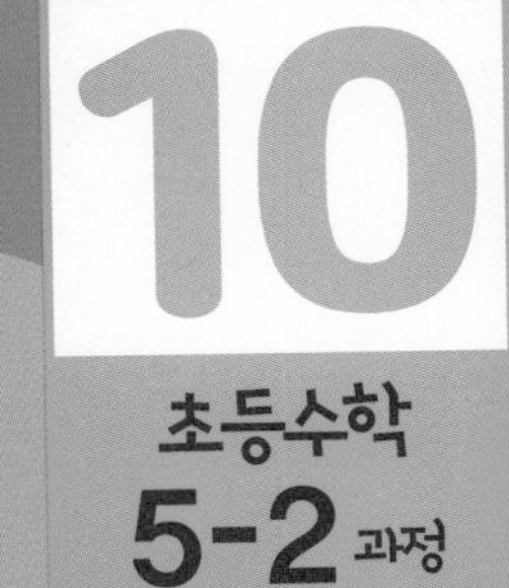

넥서스에듀

〈한 권으로 서술형 끝〉으로 끊임없는 나의 고민도 끝!

문제를 제대로 읽고 답을 했다고 생각했는데, 쓰다 보니 자꾸만 엉뚱한 답을 하게 돼요.

문제에서 어떠한 정보를 주고 있는지, 최종적으로 무엇을 구해야 하는지 정확하게 파악하는 단계별 훈련이 필요해요.

독서량은 많지만 논리 정연하게 답을 정리하기가 힘들어요.

독서를 통해 어휘력과 문장 이해력을 키웠다면, 생각을 직접 글로 써보는 연습을 해야 해요.

서술형 답을 어떤 것부터 써야 할지 모르겠어요.

문제에서 구하라는 것을 찾기 위해 어떤 조건을 이용하면 될지 짝을 지으면서 "A이므로 B임을 알 수 있다."의 서술 방식을 이용하면 답안 작성의 기본을 익힐 수 있어요.

시험에서 부분 점수를 자꾸 깎이는데요, 어떻게 해야 할까요?

직접 쓴 답안에서 어떤 문장을 꼭 써야 할지, 정답지에서 제공하고 있는 '채점 기준표'를 이용해서 꼼꼼하게 만점 맞기 훈련을 할 수 있어요.
만점은 물론, 창의력 + 사고력 향상도 기대하세요!

왜 <한 권으로 서술형 끝>으로 공부해야 할까요?

서술형 문제는 종합적인 사고 능력을 키우는 데 큰 역할을 합니다. 또한 배운 내용을 총체적으로 검증할 수 있는 유형으로 논리적 사고, 창의력, 표현력 등을 키울 수 있어 많은 선생님들이 학교 시험에서 다양한 서술형 문제를 통해 아이들을 훈련하고 계십니다. 부모님이나 선생님들을 위한 강의를 하다 보면, 학교에서 제일 어려운 시험이 서술형 평가라고 합니다. 어디서부터 어떻게 가르쳐야 할지, 논리력, 사고력과 연결되는 서술형은 어떤 책으로 시작해야 하는지 추천해 달라고 하십니다.

서술형 문제는 창의력과 사고력을 근간으로 만들어진 문제여서 아이들이 스스로 생각해보고 직접 문제에 대한 답을 찾아나갈 수 있는 과정을 훈련하도록 해야 합니다. 서술형 학습 훈련은 먼저 문제를 잘 읽고, 무엇을 풀이 과정 및 답으로 써야 하는지 이해하는 것이 핵심입니다. 그렇다면, 문제도 읽기 전에 힘들어하는 아이들을 위해, 서술형 문제를 완벽하게 풀 수 있도록 훈련하는 학습 과정에는 어떤 것이 있을까요?

문제에서 주어진 정보를 이해하고 단계별로 문제 풀이 및 답을 찾아가는 과정이 필요합니다.
먼저 주어진 정보를 찾고, 그 정보를 이용하여 수학 규칙이나 연산을 활용하여 답을 구해야 합니다.
서술형은 글로 직접 문제 풀이를 써내려 가면서 수학 개념을 이해하고 있는지 잘 정리하는 것이 핵심이어서 주어진 정보를 제대로 찾아 이해하는 것이 가장 중요합니다.

서술형 문제도 단계별로 훈련할 수 있음을 명심하세요! 이러한 과정을 손쉽게 해결할 수 있도록 교과서 내용을 연계하여 집필하였습니다. 자, 그럼 "한 권으로 서술형 끝" 시리즈를 통해 아이들의 창의력 및 사고력 향상을 위해 시작해 볼까요?

EBS 초등수학 강사 **나소은**

나소은 선생님 소개

- (주)아이눈 에듀 대표
- EBS 초등수학 강사
- 좋은책신사고 쎈닷컴 강사
- 아이스크림 홈런 수학 강사
- 천재교육 밀크티 초등 강사
- 교원, 대교, 푸르넷, 에듀왕 수학 강사
- Qook TV 초등 강사
- 방과후교육연구소 수학과 책임
- 행복한 학교(재) 수학과 책임
- 여성능력개발원 수학지도사 책임 강사

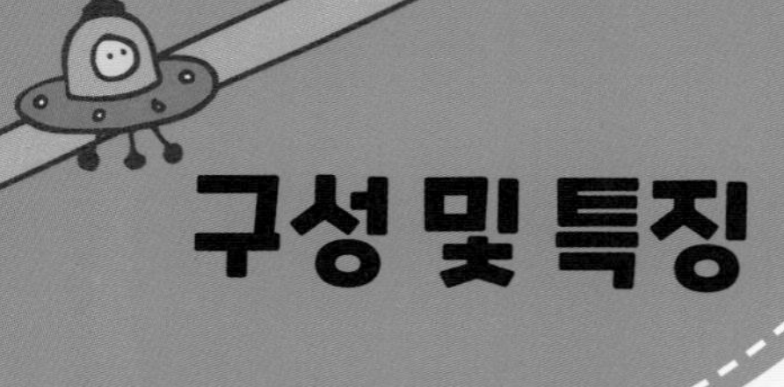

구성 및 특징

초등수학 서술형의 끝을 향해 여행을 떠나볼까요?

STEP 1 대표 문제 맛보기

핵심유형 1 이상, 이하

STEP 1 대표 문제 맛보기

채원이네 모둠 학생들의 키를 조사하여 나타낸 표입니다. 키가 138 cm 이상인 학생은 몇 명인지 풀이 과정을 쓰고, 답을 구하세요.

학생들의 키

이름	키(cm)	이름	키(cm)	이름	키(cm)
한아	140	예진	136	서현	145
수안	134	채원	138	예원	139

1단계 알고 있는 것 : 채원이네 모둠 학생들의 □ 를 알고 있습니다.

2단계 구하려는 것 : 키가 □ cm □ 인 학생은 모두 몇 명인지 구하려고 합니다.

3단계 문제 해결 방법 : 키가 138 cm와 같거나 (큰 , 작은) 사람을 찾습니다.

4단계 문제 풀이 과정 : 키가 138 cm와 같은 학생은 □ cm인 □ 이고, 138 cm보다 큰 학생은 □ cm인 한아, 145 cm인 □, □ cm인 예원입니다. 키가 138 cm 이상인 학생은 □, 한아, □, 예원입니다.

5단계 구하려는 답 : 따라서 키가 138 cm 이상인 학생은 모두 □ 명입니다.

12

처음이니까 서술형 답을 어떻게 쓰는지 5단계로 정리해서 알려줄게요! 교과서에 수록된 핵심 유형을 맛볼 수 있어요.

STEP 2 따라 풀어보기

STEP 2 따라 풀어보기

진이네 모둠 학생들의 봉사활동 시간을 조사하여 나타낸 표입니다. 봉사활동 시간이 진이와 같거나 적은 학생은 몇 명인지 풀이 과정을 쓰고, 답을 구하세요.

봉사활동 시간

이름	시간	이름	시간	이름	시간
진이	24	유정	34	시훈	24
영연	18	동건	32	규은	20

1단계 알고 있는 것 : 진이네 모둠 학생들의 □ 시간을 알고 있습니다.

2단계 구하려는 것 : 봉사활동 시간이 진이와 같거나 (많은 , 적은) 학생이 몇 명인지 구하려고 합니다.

3단계 문제 해결 방법 : 봉사활동 시간이 □ 시간과 같거나 적은 사람을 찾습니다.

4단계 문제 풀이 과정 : 봉사활동 시간이 □ 시간과 같은 학생은 □ 이고 24시간보다 적게 한 학생은 □ 시간을 한 영연이와 20시간을 한 □ 입니다. 봉사활동 시간이 진이와 같거나 적은 학생은 □, 영연, □ 입니다.

5단계 구하려는 답

이상, 이하 알아보기

13

'Step1'과 유사한 문제를 따라 풀어보면서 다시 한 번 익힐 수 있어요!

STEP 3 스스로 풀어보기

STEP 3 스스로 풀어보기

1. 27 이상 33 이하인 자연수들의 합은 얼마인지 풀이 과정을 쓰고, 답을 구하세요.

풀이

27 이상 33 이하인 수는 자연수는 27과 같거나 크고 33과 같거나 작은 자연수로 □, □, □, □, □, □, □ 입니다.

따라서 27 이상 33 이하인 자연수들의 합은 □ + 28 + □ + 30 + □ + 32 + □ = □ 입니다.

답

2. 13 이상 18 이하인 자연수들의 합은 얼마인지 풀이 과정을 쓰고, 답을 구하세요.

풀이

답

14

앞에서 학습한 핵심 유형을 생각하며 다시 연습해보고, 쌍둥이 문제로 따라 풀어보세요! 서술형 문제를 술술 생각대로 풀 수 있답니다.

실력 다지기

창의 융합, 생활 수학, 스토리텔링, 유형 복합 문제 수록!

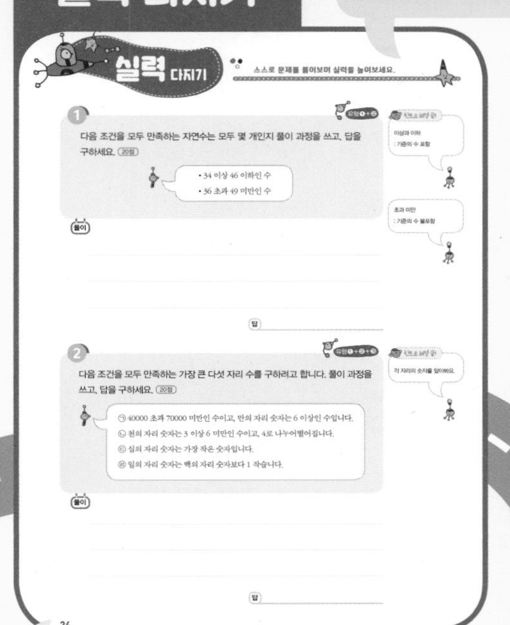

이제 실전이에요. 새 교육과정의 핵심인 '융합 인재 교육'에 알맞게 창의력, 사고력 문제들을 풀며 실력을 탄탄하게 다져보세요!

추가 콘텐츠

www.nexusEDU.kr/math

단원을 마무리하기 전에 넥서스에듀 홈페이지 및 QR코드를 통해 제공하는 '스페셜 유형'과 다양한 '추가 문제'로 부족한 부분을 보충하고 배운 것을 추가적으로 복습할 수 있어요.
또한, '무료 동영상 강의'를 통해 교과와 연계된 개념 정리와 해설 강의를 들을 수 있어요.

QR코드를 찍으면 동영상 강의를 들을 수 있어요.

정답 및 해설

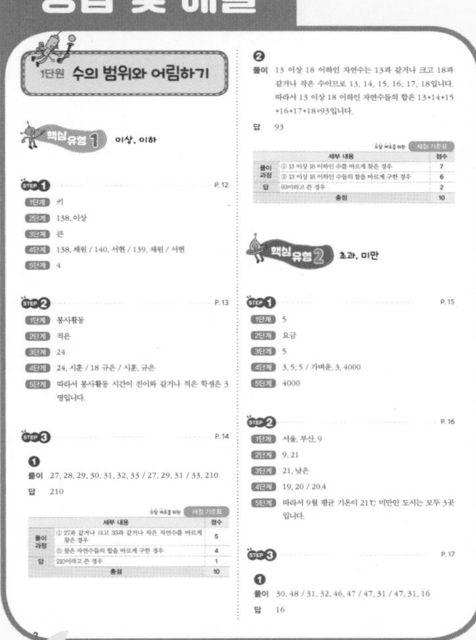

자세한 답안과 단계별 부분 점수를 보고 채점해보세요! 어떤 부분이 부족한지 정확하게 파악하여 사고력, 논리력을 키울 수 있어요!

나만의 문제 만들기

서술형 문제를 거꾸로 풀어 보면 개념을 잘 이해했는지 확인할 수 있어요! '나만의 문제 만들기'를 풀면서 최종 실력을 체크하는 시간을 가져보세요!

차례

1 수의 범위와 어림하기

2 분수의 곱셈

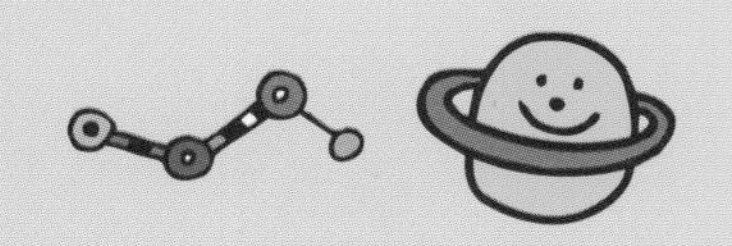

3 합동과 대칭

4 소수의 곱셈

직육면체

평균과 가능성

채점 기준표가 들어있어요!

1. 수의 범위와 어림하기

유형1 이상, 이하

유형2 초과, 미만

유형3 올림, 버림

유형4 반올림

STEP 1 대표 문제 맛보기

채원이네 모둠 학생들의 키를 조사하여 나타낸 표입니다. 키가 138 cm 이상인 학생은 몇 명인지 풀이 과정을 쓰고, 답을 구하세요. (8점)

학생들의 키

이름	키(cm)	이름	키(cm)	이름	키(cm)
한아	140	예진	136	서현	145
수안	134	채원	138	예원	139

1단계 알고 있는 것 (1점) 채원이네 모둠 학생들의 ☐를 알고 있습니다.

2단계 구하려는 것 (1점) 키가 ☐ cm ☐인 학생은 모두 몇 명인지 구하려고 합니다.

3단계 문제 해결 방법 (2점) 키가 138 cm와 같거나 (큰 , 작은) 사람을 찾습니다.

4단계 문제 풀이 과정 (3점) 키가 138 cm와 같은 학생은 ☐ cm인 ☐이고, 138 cm보다 큰 학생은 ☐ cm인 한아, 145 cm인 ☐, ☐ cm인 예원입니다. 키가 138 cm 이상인 학생은 ☐, 한아, ☐, 예원입니다.

5단계 구하려는 답 (1점) 따라서 키가 138 cm 이상인 학생은 모두 ☐ 명입니다.

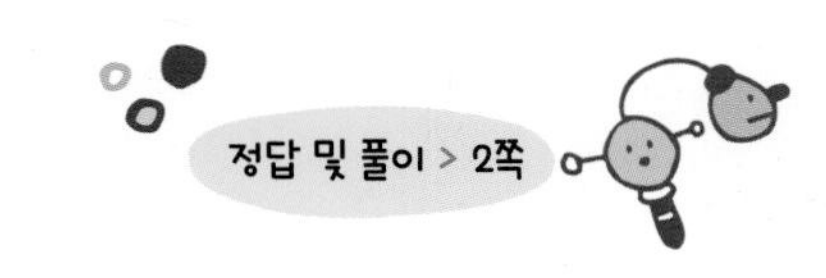

STEP 2 따라 풀어보기

진이네 모둠 학생들의 봉사활동 시간을 조사하여 나타낸 표입니다. 봉사활동 시간이 진이와 같거나 적은 학생은 몇 명인지 풀이 과정을 쓰고, 답을 구하세요. (9점)

봉사활동 시간

이름	시간	이름	시간	이름	시간
진이	24	유정	34	시훈	24
영연	18	동건	32	규은	20

1단계 알고 있는 것 (1점)
진이네 모둠 학생들의 ☐ 시간을 알고 있습니다.

2단계 구하려는 것 (1점)
봉사활동 시간이 진이와 같거나 (많은 , 적은) 학생이 몇 명인지 구하려고 합니다.

3단계 문제 해결 방법 (2점)
봉사활동 시간이 ☐ 시간과 같거나 적은 사람을 찾습니다.

4단계 문제 풀이 과정 (3점)
봉사활동 시간이 ☐ 시간과 같은 학생은 ☐ 이고
24시간보다 적게 한 학생은 ☐ 시간을 한 영연이와
20시간을 한 ☐ 입니다. 봉사활동 시간이 진이와 같거나 적은
학생은 ☐, 영연, ☐ 입니다.

5단계 구하려는 답 (2점)

---

123 이것만 알면 문제 해결 OK!

이상, 이하 알아보기

- ~이상인 수: ~와 같거나 큰 수
- 38 이상인 수: 38과 같거나 큰 수

38 39 40 41

- ~이하인 수: ~와 같거나 작은 수
- 40 이하인 수: 40과 같거나 작은 수

37 38 39 40

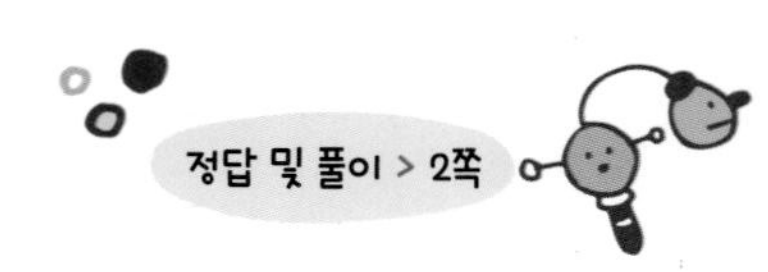

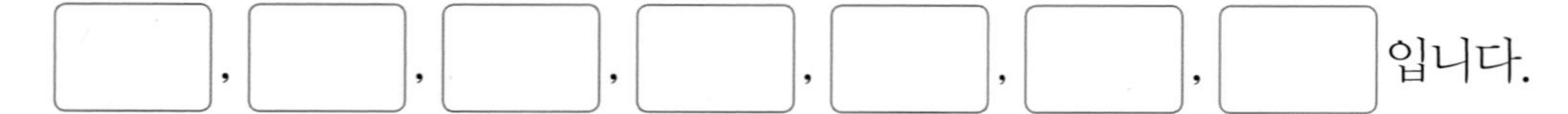

1. 27 이상 33 이하인 자연수들의 합은 얼마인지 풀이 과정을 쓰고, 답을 구하세요. (10점)

풀이

27 이상 33 이하인 수는 자연수는 27과 같거나 크고 33과 같거나 작은 자연수로

☐, ☐, ☐, ☐, ☐, ☐, ☐입니다.

따라서 27 이상 33 이하인 자연수들의 합은 ☐ + 28 + ☐ + 30 + ☐ + 32 + ☐ = ☐입니다.

2. 13 이상 18 이하인 자연수들의 합은 얼마인지 풀이 과정을 쓰고, 답을 구하세요. (15점)

답

초과, 미만

정답 및 풀이 > 2쪽

STEP 1 대표 문제 맛보기

하진이는 책을 상자에 담아 택배로 보내려고 합니다. 책을 담은 상자의 무게가 5 kg일 때, 하진이가 내야 할 택배 요금은 얼마인지 풀이 과정을 쓰고, 답을 구하세요. (8점)

무게별 택배 요금

무게(kg)	요금(원)
3 이하	3500
3 초과 5 이하	4000
5 초과 10 이하	4500

1단계 알고 있는 것 (1점)
책을 담은 상자의 무게 : □kg
무게별 택배 요금을 알고 있습니다.

2단계 구하려는 것 (1점)
책을 담은 상자를 보내기 위해 내야 할 택배 □이 얼마인지를 구하려고 합니다.

3단계 문제 해결 방법 (2점)
무게별 택배 요금표에서 □kg의 무게를 포함하는 요금을 찾습니다.

4단계 문제 풀이 과정 (3점)
□kg 초과 □kg 이하인 범위는 3 kg보다 무겁고 □kg과 같거나 (무거운 , 가벼운) 무게가 포함됩니다.
책을 담은 상자의 무게는 □kg 초과 5 kg 이하에 포함되므로 택배 요금은 □원입니다.

5단계 구하려는 답 (1점)
따라서 책을 담은 상자를 택배로 보내기 위해 하진이가 내야 하는 요금은 □원입니다.

STEP 2 따라 풀어보기

어느 해 9월의 도시별 평균 기온을 조사하여 나타낸 표입니다. 9월 평균 기온이 21℃ 미만인 도시는 모두 몇 곳인지 풀이 과정을 쓰고, 답을 구하세요. (9점)

9월 도시별 평균 기온

도시	기온(℃)	도시	기온(℃)
서울	21	대구	19
인천	20	부산	22.6
광주	20.4	서귀포	23

1단계 알고 있는 것 (1점)
☐, 대구, 인천, ☐, 광주, 서귀포의 ☐월 평균 기온을 알고 있습니다.

2단계 구하려는 것 (1점)
☐월 평균 기온이 ☐℃ 미만인 도시는 모두 몇 곳인지 구하려고 합니다.

3단계 문제 해결 방법 (2점)
기온이 ☐℃보다 (높은 , 낮은) 도시를 찾아 몇 곳인지 세어 봅니다.

4단계 문제 풀이 과정 (3점)
평균 기온이 21℃보다 낮은 곳은 대구(☐℃), 인천(☐℃), 광주(☐℃)입니다.

5단계 구하려는 답 (2점)

---

123 이것만 알면 문제해결 OK!

초과, 미만 알아보기

- **초과** 60 초과인 수: 60보다 큰 수 (60 65 70 75 80 85)
- **미만** 60 미만인 수: 60보다 작은 수 (35 40 45 50 55 60)

STEP 3 스스로 풀어보기

1. 30 초과 48 미만인 자연수 중에서 가장 큰 수와 가장 작은 수의 차를 구하는 풀이 과정을 쓰고, 답을 구하세요. (10점)

풀이

30 초과 48 미만인 자연수는 ☐ 보다 크고 ☐ 보다 작은 자연수로

☐, ☐, ··· , ☐, ☐ 이고 이 중에서 가장 큰 수는 ☐,

가장 작은 수는 ☐ 입니다.

따라서 가장 큰 수와 가장 작은 수의 차는 ☐ − ☐ = ☐ 입니다.

답

2. 50 초과 80 미만인 자연수 중에서 가장 큰 수와 가장 작은 수의 차를 구하는 풀이 과정을 쓰고, 답을 구하세요. (15점)

풀이

답

올림, 버림

STEP 1 대표 문제 맛보기

한 학교의 5학년 학생들에게 공책을 사서 나누어 주려고 합니다. 5학년 학생은 모두 276명입니다. 문구점에서 공책을 10권씩 묶음으로만 판매할 때, 학생들 모두에게 한 권씩 나누어 주려면 최소 몇 권을 사야 하는지 풀이 과정을 쓰고, 답을 구하세요. (8점)

1단계 알고 있는 것 (1점)

학생 : □ 명

공책 : □ 권씩 묶음으로만 판매

2단계 구하려는 것 (1점)

학생 한 명에게 □ 권씩 공책을 주려면 □ 권씩 묶어 판매되는 공책을 최소 몇 권을 사야 하는지 구하려고 합니다.

3단계 문제 해결 방법 (2점)

□ ÷ □ 을 계산하고 공책이 모자라지 않게 사기 위해 올림을 이용합니다.

4단계 문제 풀이 과정 (3점)

□ ÷ 10 = □ ⋯ □ 이므로 공책을 10권씩 27묶음 사면 □ 권이 모자랍니다. 남은 6권도 사려면 276을 □ 하여 십의 자리까지 나타냅니다. 276을 올림하여 십의 자리까지 나타내면 □ 입니다.

5단계 구하려는 답 (1점)

따라서 공책을 최소 □ 권을 사야 합니다.

정답 및 풀이 > 3쪽

STEP 2 따라 풀어보기

지수가 모은 동전을 세어 보니 36740원이었습니다. 모은 동전을 은행에 가서 천 원짜리 지폐로 바꾸려고 합니다. 천 원짜리 지폐로 최대 얼마까지 바꿀 수 있는지 풀이 과정을 쓰고, 답을 구하세요. (9점)

1단계 알고 있는 것 (1점)

지수가 모은 동전 : ☐ 원

바꾸려는 지폐 종류 : ☐ 원짜리 지폐

2단계 구하려는 것 (1점)

지수가 모은 동전을 ☐ 원짜리 지폐로 ☐ 얼마까지 바꿀 수 있는지 구하려고 합니다.

3단계 문제 해결 방법 (2점)

천 원 미만인 금액은 ☐ 원으로 바꿀 수 없으므로 ☐ 합니다.

4단계 문제 풀이 과정 (3점)

36740원에서 1000원 미만인 ☐ 원은 천 원짜리 지폐로 바꿀 수 없으므로 36740을 ☐ 하여 천의 자리까지 나타내면 ☐ 입니다.

36000원은 천 원짜리 지폐 ☐ 장과 같습니다.

5단계 구하려는 답 (2점)

____

123 이것만 알면 문제 해결 OK!

버림 알아보기

☆ 버림은 구하려는 자리 아래 수를 버려서 나타내는 방법입니다.

• 예) 3564를 버림하여 주어진 자리까지 나타내기

수	십	백	천
3564	3560	3500	3000

1. 다음 수 중에서 버림하여 천의 자리까지 나타내면 6000이 되는 수를 모두 구하려고 합니다. 풀이 과정을 쓰고, 답을 구하세요. (10점)

풀이

천의 자리 아래 수를 0으로 보고, 버려서 나타내면 9841은 ☐,

5703은 ☐, 6606은 ☐, 7742는 ☐, 6999는 ☐이

됩니다. 따라서 버림하여 천의 자리까지 나타내면 6000이 되는 수를 구하면

☐과 ☐입니다.

답 ________________

2. 다음 수 중에서 버림하여 백의 자리까지 나타내면 3200이 되는 수를 모두 구하려고 합니다. 풀이 과정을 쓰고, 답을 구하세요. (15점)

3257 3368 3272 3399 3103

풀이

답 ________________

정답 및 풀이 > 4쪽

STEP 1 대표 문제 맛보기

선우네 반에서 키와 몸무게를 재고 있습니다. 키를 재어 보니 선우의 키는 147.8 cm입니다. 선우의 키를 반올림하여 일의 자리까지 나타내는 풀이 과정을 쓰고, 답을 구하세요. (8점)

1단계 알고 있는 것 (1점) 선우의 키 : ☐ cm

2단계 구하려는 것 (1점) 선우의 키를 ☐ 하여 ☐ 의 자리까지 나타내려고 합니다.

3단계 문제 해결 방법 (2점) ☐ 은 구하려는 자리 바로 아래 자리의 숫자가

(0 , 1 , 2 , 3 , 4 , 5 , 6 , 7 , 8 , 9)(이)면 버리고

(0 , 1 , 2 , 3 , 4 , 5 , 6 , 7 , 8 , 9)(이)면 올리는 방법입니다.

4단계 문제 풀이 과정 (3점) ☐ 의 소수 첫째 자리의 숫자가 ☐ 이므로

(올려야 , 내려야) 합니다. 147.8을 ☐ 하여 ☐ 의 자리까지

나타내면 ☐ 이 됩니다.

5단계 구하려는 답 (1점) 따라서 선우의 키를 반올림하여 일의 자리까지 나타내면 ☐ cm 입니다.

STEP 2 따라 풀어보기

놀이동산에 입장한 어린이는 반올림하여 십의 자리까지 나타내면 4360명이라고 합니다. 어린이의 수가 가장 많을 때와 가장 적을 때는 각각 몇 명인지 풀이 과정을 쓰고, 답을 구하세요. (9점)

1단계 알고 있는 것 (1점)

반올림하여 십의 자리까지 나타낸 입장한 어린이의 수 : [ ] 명

2단계 구하려는 것 (1점)

어린이의 수가 가장 [ ] 때와 가장 적을 때는 각각 몇 명인지 구하려고 합니다.

3단계 문제 해결 방법 (2점)

[ ] 은 구하려는 자리 바로 아래 자리의 숫자가

(0 , 1 , 2 , 3 , 4 , 5 , 6 , 7 , 8 , 9)(이)면 버리고

(0 , 1 , 2 , 3 , 4 , 5 , 6 , 7 , 8 , 9)(이)면 올리는 방법입니다.

4단계 문제 풀이 과정 (3점)

반올림하여 십의 자리까지 나타낸 수가 [ ] 이므로 입장한 어린이 수의 범위는 [ ] 명부터 [ ] 명까지입니다.

5단계 구하려는 답 (2점)

---

123 이것만 알면 문제 해결 OK!

반올림 알아보기

☆ 반올림은 구하려는 자리 바로 아래 자리의 숫자가 0, 1, 2, 3, 4이면 버리고 5, 6, 7, 8, 9이면 올리는 방법입니다.

• 예) 3564를 반올림하여 주어진 자리까지 나타내기

수	십	백	천
3564	3560	3600	4000

STEP 3 스스로 풀어보기

1. 반올림하여 십의 자리까지 나타내면 7350이 되는 수입니다. □ 안에 들어갈 수 있는 숫자를 모두 구하려고 합니다. 풀이 과정을 쓰고, 답을 구하세요. (10점)

풀이

734□의 십의 자리 숫자는 □이고 7350의 십의 자리 숫자는 □이므로

일의 자리에서 올려서 나타낸 것입니다.

따라서 □ 안에 들어갈 수 있는 숫자는 □, □, □, □, □입니다.

답 ______

2. 네 자리 수 2□19를 반올림하여 천의 자리까지 나타내면 2000입니다. □ 안에 들어갈 수 있는 숫자를 모두 구하려고 합니다. 풀이 과정을 쓰고, 답을 구하세요. (15점)

풀이

답 ______

스스로 문제를 풀어보며 실력을 높여보세요.

1

다음 조건을 모두 만족하는 자연수는 모두 몇 개인지 풀이 과정을 쓰고, 답을 구하세요. (20점)

• 34 이상 46 이하인 수

• 36 초과 49 미만인 수

힌트로 해결 끝!

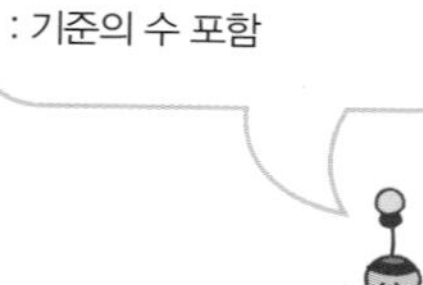

초과 미만
: 기준의 수 불포함

풀이

답

2

다음 조건을 모두 만족하는 가장 큰 다섯 자리 수를 구하려고 합니다. 풀이 과정을 쓰고, 답을 구하세요. (20점)

㉠ 40000 초과 70000 미만인 수이고, 만의 자리 숫자는 6 이상인 수입니다.

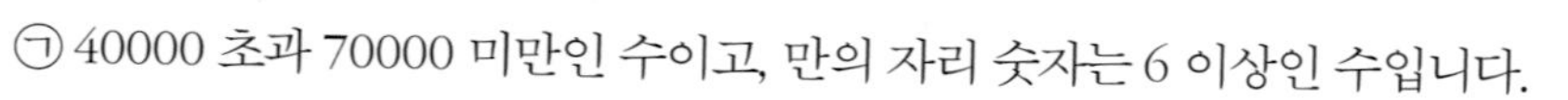

㉡ 천의 자리 숫자는 3 이상 6 미만인 수이고, 4로 나누어떨어집니다.

㉢ 십의 자리 숫자는 가장 작은 숫자입니다.

㉣ 일의 자리 숫자는 백의 자리 숫자보다 1 작습니다.

답

정답 및 풀이 > 4쪽

스토리텔링

3

어떤 자연수를 반올림하여 십의 자리까지 나타내면 650이 되고 반올림하여 백의 자리까지 나타내면 600이 됩니다. 어떤 자연수가 될 수 있는 수의 범위를 이상과 미만을 사용하여 나타내려고 합니다. 풀이 과정을 쓰고, 답을 구하세요. (20점)

힌트로 해결 끝!

이상은 그 수를 포함하고
미만은 그 수를 포함하지
않아요.

풀이

답

창의+융합

4

경원이는 주훈이랑 야구 경기를 보러 갔습니다. 야구 경기는 9회까지 진행되며 9회까지 동점이면 3회 연장하여 승부를 가립니다. 경기가 시작할 시계를 보니 오후 2시였고 경기의 끝을 알릴 때 시계를 보니 오후 5시 46분이였습니다. 야구 경기를 관람하는 데 약 몇십 분이 걸렸는지 풀이 과정을 쓰고, 답을 구하세요. (20점)

힌트로 해결 끝!

생활 속 반올림의 활용
약 몇십 분
→ 반올림하여 십의 자리까지
나타내기

풀이

답

거꾸로 풀며 나만의 문제를 완성해 보세요.

정답 및 풀이 > 5쪽

다음은 주어진 무게와 낱말, 조건을 활용해서 만든 어떤 문제를 보고 풀이 과정과 답을 구한 것입니다. 어떤 문제였을까요? 거꾸로 문제 만들기, 도전해 볼까요? (25점)

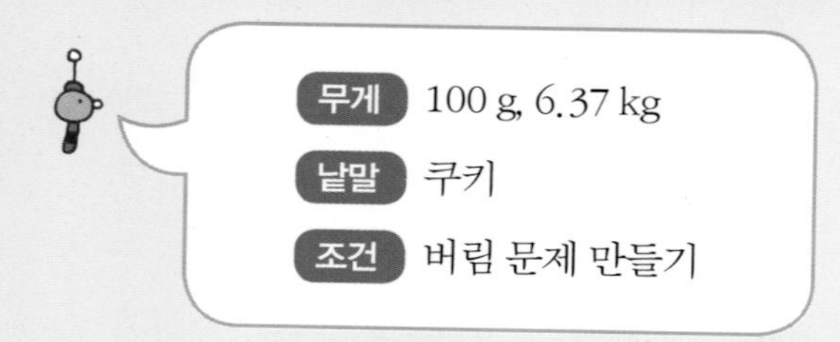

★ 힌트 ★
최대 만들 수 있는 상자 수를 구하는 질문을 만들어요.

문제

풀이

6.37 kg=6370 g입니다. 설탕을 100 g씩 사용하여 쿠키 한 상자를 만들면 쿠키는 63상자를 만들 수 있고 70 g이 남습니다.
따라서 만들 수 있는 쿠키는 최대 63상자입니다.

답 63상자

2. 분수의 곱셈

유형1 (분수)×(자연수)

유형2 (자연수)×(분수)

유형3 진분수의 곱셈

유형4 여러 가지 분수의 곱셈

(분수)×(자연수)

STEP 1 대표 문제 맛보기

물이 가득 들어 있는 생수통 한 개의 무게는 $\frac{12}{5}$ kg입니다. 물이 가득 들어 있는 생수통 6개의 무게는 모두 몇 kg인지 대분수로 구하려고 합니다. 풀이 과정을 쓰고, 답을 구하세요. (단, 답은 기약분수로 구하세요.) (8점)

1단계 알고 있는 것 (1점)

물이 가득 들어 있는 생수통 한 개의 무게 : ☐ kg

물이 가득 들어 있는 생수통의 수 : ☐ 개

2단계 구하려는 것 (1점)

물이 가득 들어 있는 생수통 ☐ 개의 무게를 구하려고 합니다.

3단계 문제 해결 방법 (2점)

물이 가득 들어 있는 생수통의 무게에 생수통의 수를 (더합니다 , 곱합니다).

4단계 문제 풀이 과정 (3점)

(물이 가득 들어 있는 생수통 6개의 무게)

= (물이 가득 들어 있는 생수통 한 개의 ☐) × (생수통의 수)

= ☐ × 6 = $\frac{12 \times 6}{5}$ = ☐ = ☐ (kg)입니다.

5단계 구하려는 답 (1점)

따라서 물이 가득 들어 있는 생수통 6개의 무게는 ☐ kg입니다.

정답 및 풀이 > 6쪽

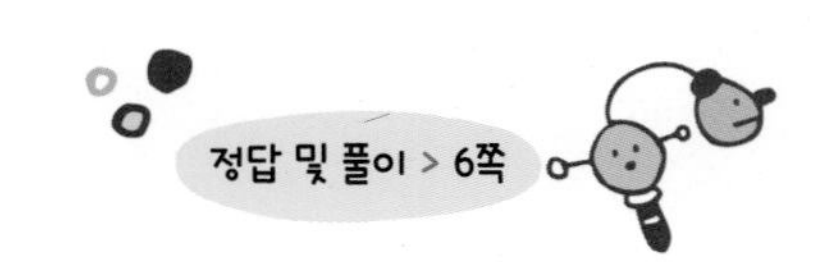

STEP 2 따라 풀어보기

직사각형의 가로가 $1\frac{3}{5}$ m이고 세로가 6 m일 때, 이 직사각형의 넓이는 몇 m^2인지 대분수로 나타내려고 합니다. 풀이 과정을 쓰고, 답을 구하세요.

(단, 답은 기약분수로 쓰세요.) (9점)

1단계 알고 있는 것 (1점)

직사각형의 가로 : ☐ m

직사각형의 세로 : ☐ m

2단계 구하려는 것 (1점)

직사각형의 ☐ 는 몇 m^2인지 구하려고 합니다.

3단계 문제 해결 방법 (2점)

(직사각형의 넓이) = (가로) × (☐)입니다.

4단계 문제 풀이 과정 (3점)

(직사각형의 넓이) = (가로) × (세로)이므로

(직사각형의 넓이) = ☐ × 6 = $\frac{8}{5}$ × 6

= ☐ = ☐ (m^2)입니다.

5단계 구하려는 답 (2점)

____

123 이것만 알면 문제해결 OK!

(분수)×(자연수)

☆ 분수의 분모는 그대로 두고 분자와 자연수를 곱하여 계산하기

방법1) 분자와 자연수를 곱한 후 약분하여 계산하기

$\frac{13}{5}\times10=\frac{13\times10}{5}=\frac{\overset{26}{\cancel{130}}}{\underset{1}{\cancel{5}}}=26$

방법2) 곱하는 과정에서 약분하기

$\frac{13}{5}\times10=\frac{13\times\overset{2}{\cancel{10}}}{\underset{1}{\cancel{5}}}=26$

방법3) 약분한 후 계산하기

$\frac{13}{\underset{1}{\cancel{5}}}\times\overset{2}{\cancel{10}}=26$

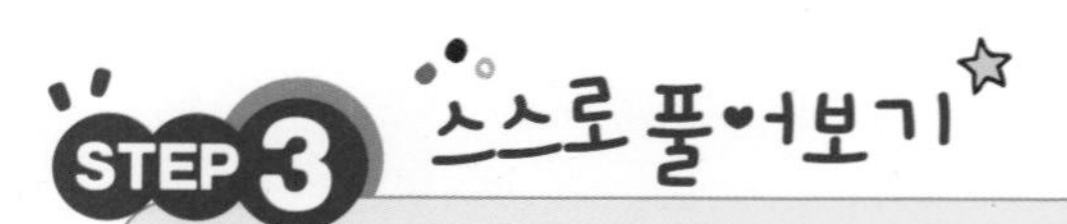

1. 다음과 같은 정오각형의 둘레는 몇 cm인지 풀이 과정을 쓰고, 답을 구하세요. (10점)

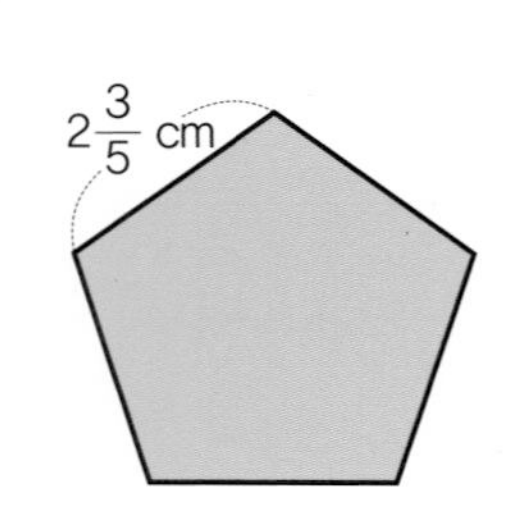

풀이

정다각형은 변의 길이가 모두 (같으므로 , 다르므로)

(정다각형의 둘레) = (한 변의 길이) × (□의 수)로 구합니다. 정오각형은 □개 변의 길이가 모두 같으므로 (정오각형의 둘레) = □ × 5 = □(cm)입니다.

2. 한 변의 길이가 $3\frac{2}{11}$ cm인 정십일각형의 둘레는 몇 cm인지 풀이 과정을 쓰고, 답을 구하세요. (15점)

풀이

답

정답 및 풀이 > 6쪽

지연이는 가지고 있는 공책 18권 중에서 $\frac{2}{3}$를 한 학기 동안 사용하였습니다. 지연이가 한 학기 동안 사용한 공책은 몇 권인지 풀이 과정을 쓰고, 답을 구하세요. (8점)

1단계 알고 있는 것 (1점) 지연이가 가지고 있는 공책 : ☐ 권

한 학기 동안 사용한 공책 : 전체의 ☐

2단계 구하려는 것 (1점) 지연이가 한 학기 동안 사용한 은 몇 권인지 구하려고 합니다.

3단계 문제 해결 방법 (2점) 전체의 $\frac{2}{3}$는 (전체) × ☐ 와 같습니다.

4단계 문제 풀이 과정 (3점) 전체의 $\frac{2}{3}$는 (전체) × ☐ 이므로

(전체 공책 수) × ☐ = ☐ × ☐

= ☐ (권)입니다.

5단계 구하려는 답 (1점) 따라서 지연이가 한 학기 동안 사용한 공책은 ☐ 권입니다.

STEP 2 따라 풀어보기

밑변의 길이가 10 cm이고 높이가 밑변의 길이의 $1\frac{3}{5}$배인 평행사변형의 넓이는 몇 cm^2인지 구하려고 합니다. 풀이 과정을 쓰고, 답을 구하세요. (9점)

1단계 알고 있는 것 (1점)

평행사변형의 밑변의 길이 : ☐ cm

평행사변형의 높이 : 밑변의 길이의 ☐ 배

2단계 구하려는 것 (1점)

☐ 의 넓이를 구하려고 합니다.

3단계 문제 해결 방법 (2점)

평행사변형의 높이는 밑변의 길이의 ☐ 배이므로

(밑변의 길이) × ☐ 으로 구하고, 평행사변형의 넓이는

(☐ 의 길이) × (☐)로 구합니다.

4단계 문제 풀이 과정 (3점)

(평행사변형의 높이) = (밑변의 길이) × ☐

= 10 × ☐

= 10 × ☐ = ☐ (cm)

(평행사변형의 넓이) = (밑변의 길이) × (높이)

= 10 × ☐

= ☐ (cm^2)입니다.

5단계 구하려는 답 (2점)

STEP 3 

유형❷

1. 넓이가 255 m^2인 밭의 $\frac{2}{3}$에 배추를 심고, 남은 부분에 당근을 심었습니다. 당근을 심은 부분의 넓이는 몇 m^2인지 풀이 과정을 쓰고, 답을 구하세요. (10점)

풀이

배추를 심은 밭의 넓이는 전체의 □ 이므로 (배추를 심은 밭의 넓이) = (전체 넓이) × □

= 255 × □ = □ (m^2)입니다. 배추를 심고 남은 부분에 당근을 심었으므로

(당근을 심은 부분의 넓이) = (전체 넓이) − (배추를 심은 부분의 넓이)

= □ − □ = □ (m^2)입니다.

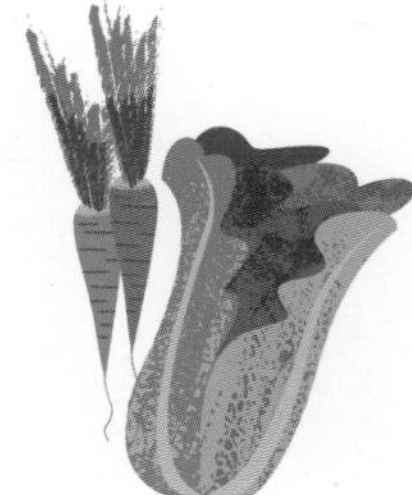

답 ____________________

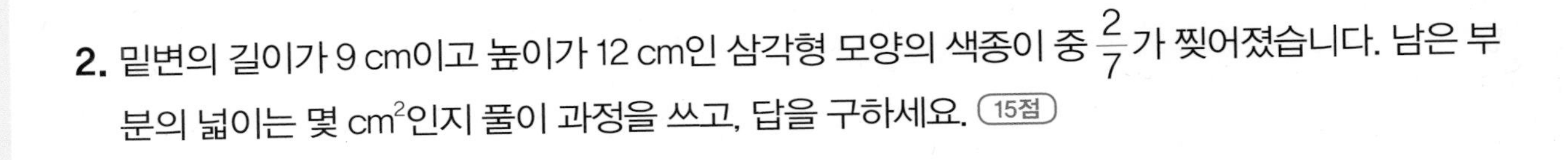

2. 밑변의 길이가 9 cm이고 높이가 12 cm인 삼각형 모양의 색종이 중 $\frac{2}{7}$가 찢어졌습니다. 남은 부분의 넓이는 몇 cm^2인지 풀이 과정을 쓰고, 답을 구하세요. (15점)

풀이

답 ____________________

진분수의 곱셈

STEP 1 대표 문제 맛보기

□ 안에 들어갈 수 있는 가장 큰 자연수와 가장 작은 자연수의 차를 구하려고 합니다. 풀이 과정을 쓰고, 답을 구하세요. (8점)

$$\frac{1}{5}\times\frac{1}{3}<\frac{1}{\square}<\frac{1}{2}$$

1단계 알고 있는 것 (1점)
$\square \times \frac{1}{3} < \frac{1}{\square} < \square$ 임을 알고 있습니다.

2단계 구하려는 것 (1점)
□ 안에 들어갈 수 있는 가장 □ 자연수와 □ 작은 자연수의 □ 를 구하려고 합니다.

3단계 문제 해결 방법 (2점)
단위분수의 곱은 □ 분수이고 단위분수는 분모가 작을수록 (큰 , 작은) 수입니다.

4단계 문제 풀이 과정 (3점)
$\frac{1}{5}\times\frac{1}{3}=\square$ 이므로 $\square<\frac{1}{\square}<\square$ 입니다.
단위분수는 분모가 작을수록 큰 수이므로 분모를 비교하면
$\square<\square<\square$ 입니다. 따라서 □ 안에 들어갈 수 있는 가장 큰 자연수는 □ 이고 가장 작은 자연수는 □ 이므로
두 수의 차는 $14-\square=\square$ 입니다.

5단계 구하려는 답 (1점)
따라서 □ 안에 들어갈 수 있는 가장 큰 자연수와 가장 작은 자연수의 차는 □ 입니다.

STEP 2 따라 풀어보기

빨간색 끈의 길이를 파란색 끈의 길이로 나누었더니 $\frac{2}{9}$가 되었습니다. 파란색 끈의 길이가 $\frac{3}{4}$ m일 때 빨간색 끈의 길이는 몇 m인지 풀이 과정을 쓰고, 답을 구하세요. (9점)

1단계 알고 있는 것 (1점)

빨간색 끈의 길이를 파란색 끈의 길이로 나눈 값 : □

파란색 끈의 길이 : □ m

2단계 구하려는 것 (1점)

□ 끈의 길이는 몇 m인지 구하려고 합니다.

3단계 문제 해결 방법 (2점)

(□ 끈의 길이) ÷ (파란색 끈의 길이) = □ 에서

(빨간색 끈의 길이) = (□ 끈의 길이) × □ 로 구합니다.

4단계 문제 풀이 과정 (3점)

(빨간색 끈의 길이) = (파란색 끈의 길이) × □

= □ × □ = □ (m)입니다.

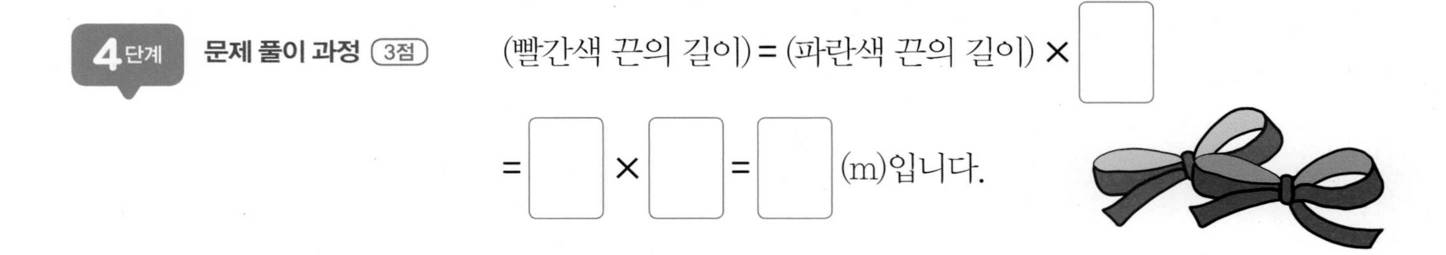

5단계 구하려는 답 (2점)

123 이것만 알면 문제해결 OK!

진분수의 곱셈

☆ (단위분수)×(단위분수)는 분자는 항상 1이므로 분자는 그대로 두고 분모끼리 곱합니다.

• $\frac{1}{2} \times \frac{1}{4} = \frac{1}{2 \times 4} = \frac{1}{8}$

☆ (진분수)×(진분수)는 분자는 분자끼리 분모는 분모끼리 곱합니다.

• $\frac{2}{5} \times \frac{3}{7} = \frac{2 \times 3}{5 \times 7} = \frac{6}{35}$

STEP 3 스스로 풀어보기

1. 1부터 9까지의 수 중에서 4개를 골라 한 번씩만 이용하여 곱이 가장 작은 두 진분수의 곱을 기약분수로 구하려고 합니다. 풀이 과정을 쓰고, 답을 구하세요. (10점)

풀이

두 진분수의 곱이 가장 작은 경우는 분모가 가장 (크고 , 작고), 분자가 가장 (큰 , 작은) 경우이므로 두 진분수의 분모는 8과 ☐ 이고 분자는 1과 ☐ 입니다.

따라서 곱이 가장 작은 두 진분수의 곱은 $\frac{1}{8}$ × ☐ = ☐ 입니다.

답 ____________________

2. 4부터 11까지의 수 중에서 4개를 골라 한 번씩만 이용하여 곱이 가장 작은 두 진분수의 곱을 기약분수로 구하려고 합니다. 풀이 과정을 쓰고, 답을 구하세요. (15점)

풀이

답 ____________________

여러 가지 분수의 곱셈

정답 및 풀이 > 8쪽

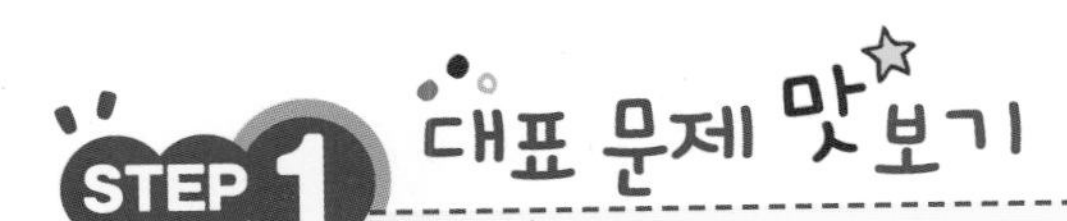

㉠과 ㉡의 합을 대분수로 구하려고 합니다. 풀이 과정을 쓰고, 답을 구하세요. (단, 기약분수로 나타내세요.) (8점)

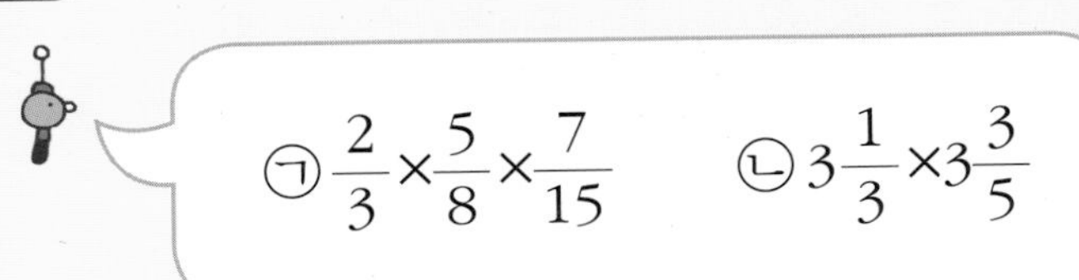

1단계 알고 있는 것 (1점) ㉠ $\frac{2}{3}\times\frac{5}{8}\times$ □ ㉡ □ $\times3\frac{3}{5}$

2단계 구하려는 것 (1점) □과 ㉡의 □을 대분수로 구하려고 합니다.

3단계 문제 해결 방법 (2점) 세 분수의 곱셈은 □한 후 계산할 수 있고 대분수의 곱셈은 대분수를 □로 바꾸어 계산합니다.

4단계 문제 풀이 과정 (3점) ㉠ $\frac{2}{3}\times\frac{5}{8}\times$ □ = □이고,

㉡ $3\frac{1}{3}\times3\frac{3}{5}$ = □ × □ = □입니다.

㉠ + ㉡ = □ + 12 = □입니다.

5단계 구하려는 답 (1점) 따라서 ㉠과 ㉡의 합은 □입니다.

STEP 2 따라 풀어보기

㉠, ㉡, ㉢의 합을 구하려고 합니다. 풀이 과정을 쓰고, 답을 구하세요. (9점)

$$㉠\frac{㉡}{㉢} \div \frac{4}{5} \div 2\frac{2}{9} = 3\frac{3}{5}$$

1단계 알고 있는 것 (1점)

$㉠\frac{㉡}{㉢} \div \frac{4}{5} \div 2\frac{2}{9} =$ ☐

2단계 구하려는 것 (1점)

㉠, ㉡, ㉢의 ☐ 을 구하려고 합니다.

3단계 문제 해결 방법 (2점)

$㉠\frac{㉡}{㉢}$을 구하는 (곱셈식 , 나눗셈식)을 만듭니다.

4단계 문제 풀이 과정 (3점)

$㉠\frac{㉡}{㉢} \div \frac{4}{5} \div 2\frac{2}{9} =$ ☐ 이므로

$㉠\frac{㉡}{㉢} =$ ☐ $\times 2\frac{2}{9} \times \frac{4}{5} = \frac{☐}{5} \times \frac{☐}{9} \times \frac{4}{5} = \frac{☐}{5}$

= ☐ 입니다. ㉠ = ☐ , ㉡ = ☐ , ㉢ = ☐ 이므로

㉠ + ㉡ + ㉢ = ☐ + ☐ + ☐ = ☐ 입니다.

5단계 구하려는 답 (2점)

1. 일정한 빠르기로 한 시간에 $9\frac{3}{8}$ km를 가는 자전거가 있습니다. 같은 빠르기로 2시간 20분 동안 이 자전거가 갈 수 있는 거리는 몇 km인지 대분수로 구하려고 합니다. 풀이 과정을 쓰고, 답을 구하세요. (단, 기약분수로 답하세요.) (10점)

풀이

1시간 = 60분이므로 2시간 20분 = $2\frac{20}{60}$시간 = $\square$ 시간입니다. 따라서 같은 빠르기로

(2시간 20분 동안 자전거가 갈 수 있는 거리) = (한 시간에 가는 거리) × (가는 시간)

$= \square \times \square = \frac{\square}{8} \times \frac{\square}{3} = \square = \square$ (km)입니다.

답 ______

2. 일정한 빠르기로 30분에 $1\frac{7}{9}$ km를 걷는 사람이 있습니다. 같은 빠르기로 3시간 10분 동안 이 사람이 걷는 거리는 몇 km인지 대분수로 구하려고 합니다. 풀이 과정을 쓰고, 답을 구하세요. (단, 기약분수로 답하세요.) (15점)

풀이

답 ______

스스로 문제를 풀어보며 실력을 높여보세요.

1

다음 조건을 만족하는 □, ▲, ●를 구해 □×▲의 값과 ▲×●의 값의 차를 구하려고 합니다. 풀이 과정을 쓰고, 답을 구하세요. (20점)

> □의 분자는 ●의 분자보다 3만큼 더 큰 수이고, 분모는 분자보다 5만큼 더 큰 수입니다. ●는 분모가 5보다 크고 8보다 작은 짝수인 단위분수입니다.
>
> ▲는 6의 $\frac{1}{2}$만큼인 수입니다.

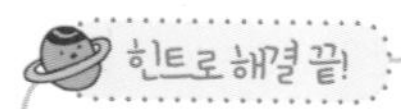

●를 먼저 구해요.
□와 ▲를 구한 후, □×▲와 ▲×●를 구해요.

풀이

2

다음 계산 결과를 기약분수로 구하는 풀이 과정을 쓰고, 답을 구하세요.
(단, 답은 대분수로 나타내세요.) (20점)

$$3\frac{1}{5}\times\left\{1\frac{1}{6}\times20+\left(1\frac{2}{3}+2\frac{1}{4}\right)\right\}-4$$

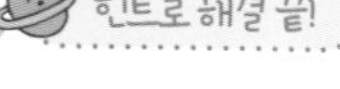

덧셈, 뺄셈, 곱셈이 섞여 있고 괄호가 있는 식은 괄호 안을 먼저 계산하세요.

( ) → { } 차례로 계산하세요.

풀이

답

정답 및 풀이 > 9쪽

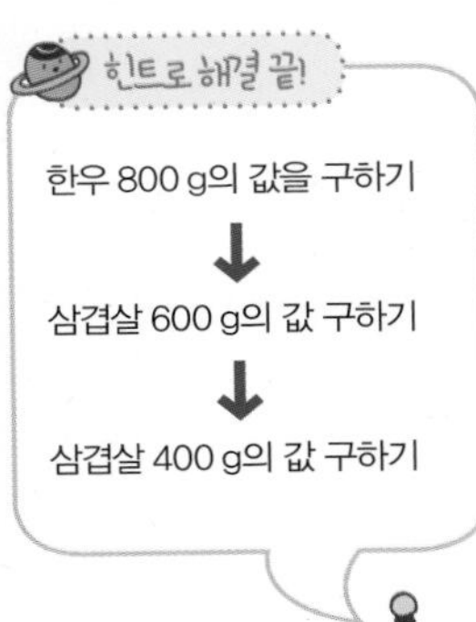

생활수학

3

삼겹살 600 g의 값은 한우 800 g 값의 $\frac{1}{3}$입니다. 한우 1 kg 100 g의 값이 99000원일 때 삼겹살 400 g의 값은 얼마인지 풀이 과정을 쓰고, 답을 구하세요. (20점)

힌트로 해결 끝!

한우 800 g의 값을 구하기
↓
삼겹살 600 g의 값 구하기
↓
삼겹살 400 g의 값 구하기

풀이

답

생활수학

4

15 m 높이에서 땅에 공을 떨어뜨릴 때, 떨어뜨린 높이의 $\frac{2}{3}$만큼 튀어 오르는 공이 있습니다. 이 공이 세 번째 튀어 오를 때까지 움직인 거리는 모두 몇 m인지 풀이 과정을 쓰고, 답을 구하세요. (20점)

힌트로 해결 끝!

내려갔다 올라간 거리를 모두 더해요.

풀이

답

정답 및 풀이 > 10쪽

다음은 주어진 수와 낱말, 조건을 활용해서 만든 문제를 보고 풀이 과정과 답을 구한 것입니다. 어떤 문제였을까요? 거꾸로 문제 만들기, 도전해 볼까요? (15점)

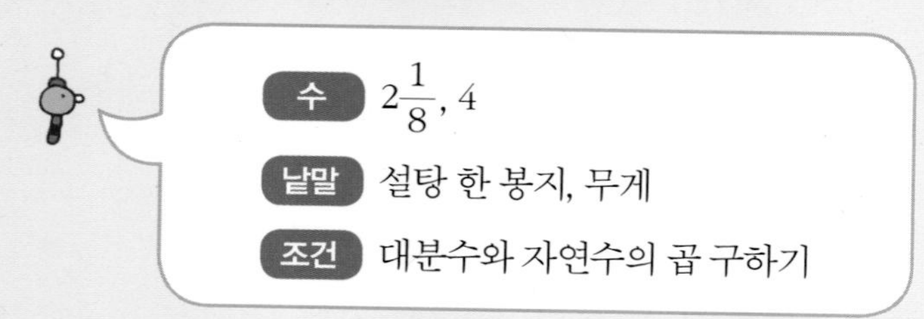

힌트
설탕 4봉지의 무게를 구하는 문제를 만들어요.

문제

풀이

설탕 한 봉지의 무게가 $2\frac{1}{8}$ kg이므로 설탕 4봉지의 무게는 설탕 한 봉지 무게에 4를 곱해서 구합니다. $2\frac{1}{8}\times4=\frac{17}{8}\times4=\frac{17}{2}=8\frac{1}{2}$이므로 설탕 4봉지의 무게는 $8\frac{1}{2}$ kg입니다.

답 $8\frac{1}{2}$ kg

3. 합동과 대칭

유형1 합동인 도형의 성질

유형2 선대칭도형과 그 성질

유형3 점대칭도형과 그 성질

합동인 도형의 성질

STEP 1 대표 문제 맛보기

다음 두 사각형은 서로 합동입니다. 각 ㅇㅁㅂ의 크기와 변 ㅂㅅ의 길이를 구하려고 합니다. 풀이 과정을 쓰고, 답을 구하세요. (8점)

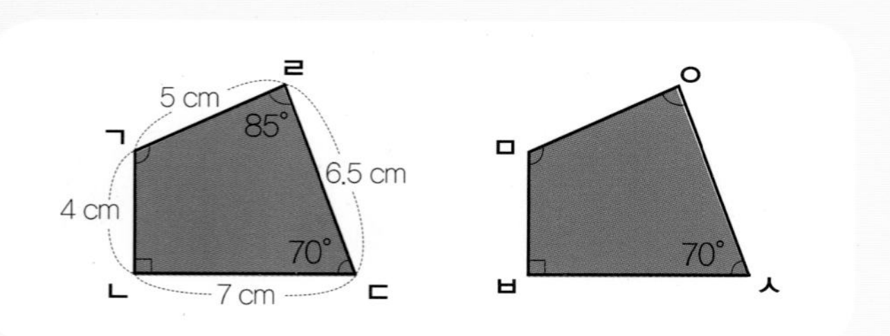

1단계 알고 있는 것 (1점)
사각형 ㄱㄴㄷㄹ과 사각형 ㅁㅂㅅㅇ은 서로 ☐ 입니다.

2단계 구하려는 것 (1점)
각 ☐ 의 크기와 변 ☐ 의 길이를 구하려고 합니다.

3단계 문제 해결 방법 (2점)
합동인 도형은 각각의 대응변의 길이가 서로 (같고 , 다르고),
각각의 대응각의 크기가 서로 (같습니다 , 다릅니다).

4단계 문제 풀이 과정 (3점)
합동인 도형은 각각의 대응각의 크기가 같으므로
(각 ㅇㅁㅂ) = (각 ☐)입니다. 사각형 ㄱㄴㄷㄹ에서
(각 ☐) = 360° − (90° + ☐ ° + 85°) = ☐ °이므로
(각 ㅇㅁㅂ) = ☐ °입니다.
합동인 도형은 각각의 대응변의 길이가 같으므로
(변 ㅂㅅ) = (변 ㄴㄷ) = ☐ cm입니다.

5단계 구하려는 답 (1점)
따라서 각 ㅇㅁㅂ의 크기는 ☐ °이고,
변 ㅂㅅ의 길이는 ☐ cm입니다.

STEP 2 따라 풀어보기

삼각형 ㄱㄴㄷ과 삼각형 ㄹㅂㅁ은 둘레의 길이가 24 cm인 서로 합동인 도형입니다. 각 ㄹㅁㅂ의 크기와 변 ㅂㅁ의 길이를 구하려고 합니다. 풀이 과정을 쓰고, 답을 구하세요. (9점)

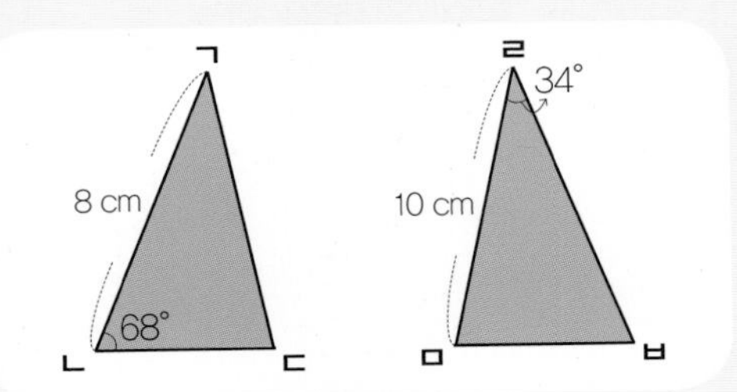

1단계 알고 있는 것 (1점)

삼각형 ㄱㄴㄷ과 삼각형 ㄹㅂㅁ은 둘레의 길이가 ☐ cm인 서로 ☐ 인 도형입니다.

2단계 구하려는 것 (1점)

각 ☐ 의 크기와 변 ☐ 의 길이를 구하려고 합니다.

3단계 문제 해결 방법 (2점)

합동인 도형은 각각의 대응변의 길이가 서로 (같고 , 다르고), 각각의 대응각의 크기가 서로 (같습니다 , 다릅니다).

4단계 문제 풀이 과정 (3점)

합동인 도형은 각각의 대응각의 크기가 서로 (같으므로 , 다르므로)

삼각형 ㄹㅂㅁ에서 (각 ㄹㅂㅁ) = (각 ㄱㄴㄷ) = ☐°이고,

(각 ㄹㅁㅂ) = 180° − ☐° − 34° = ☐°입니다.

합동인 도형에서 각각의 대응변의 길이가 서로 (같으므로 , 다르므로)

삼각형 ㄹㅂㅁ에서 (변 ㄹㅂ) = (변 ㄱㄴ) = ☐ cm이고

(변 ㅂㅁ) = 24 − ☐ − 8 = ☐ (cm)입니다.

5단계 구하려는 답 (2점)

STEP 3 스스로 풀어보기

유형 1

1. 다음 중 항상 합동인 것을 골라 기호로 쓰려고 합니다. 풀이 과정을 쓰고, 답을 구하세요. (10점)

㉠ 둘레가 같은 두 원
㉡ 둘레의 길이가 같은 두 직사각형
㉢ 넓이가 같은 두 삼각형

풀이

㉠ 둘레가 같은 두 원은 지름이 같으므로 항상 □ 입니다.

㉡ 둘레의 길이가 같아도 □ 와 세로가 다를 수 있으므로 둘레의 길이가 같은 두 직사각형은 항상 합동이라 할 수 (있습니다 , 없습니다).

㉢ 넓이가 같아도 □ 의 길이와 높이가 다를 수 있으므로 넓이가 같은 두 삼각형은 항상 합동이라 할 수 (있습니다 , 없습니다). 따라서 항상 합동인 것은 □ 입니다.

답 ____________

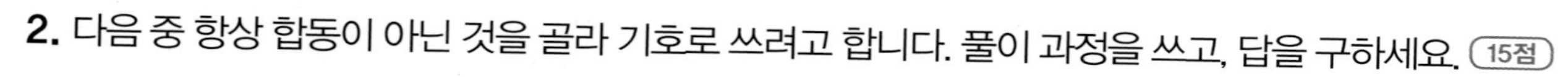

2. 다음 중 항상 합동이 아닌 것을 골라 기호로 쓰려고 합니다. 풀이 과정을 쓰고, 답을 구하세요. (15점)

㉠ 세 쌍의 대응각의 크기가 같은 삼각형
㉡ 반지름 5 cm 원과 지름 10 cm인 원
㉢ 모양이 같은 두 정사각형

풀이

답 ____________

선대칭도형과 그 성질

정답 및 풀이 > 11쪽

STEP 1 대표 문제 맛보기

사각형 ㄱㄴㄹㅁ이 직선 ㅅㅇ을 대칭축으로 하는 선대칭도형일 때, 사각형 ㄱㄴㄹㅁ의 둘레는 몇 cm인지 구하려고 합니다. 풀이 과정을 쓰고, 답을 구하세요. (8점)

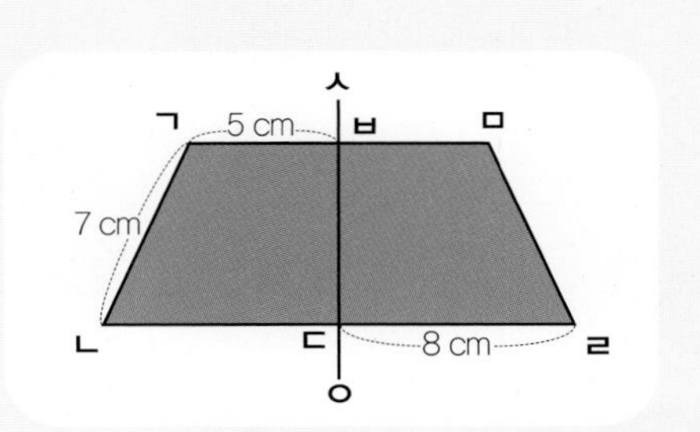

1단계 알고 있는 것 (1점) 사각형 [ ]은 직선 ㅅㅇ을 대칭축으로 하는 [ ] 도형입니다.

2단계 구하려는 것 (1점) 사각형 ㄱㄴㄹㅁ의 [ ]는 몇 cm인지 구하려고 합니다.

3단계 문제 해결 방법 (2점) 선대칭도형에서 각각의 [ ]의 길이가 서로 같고, 대칭축은 [ ]끼리 이은 선분을 똑같이 둘로 나눕니다.

4단계 문제 풀이 과정 (3점) 대칭축은 [ ]끼리 이은 선분을 똑같이 둘로 나누므로 (선분 ㄱㅂ) = (선분 ㅁㅂ) = [ ] cm, (선분 ㄴㄷ) = (선분 ㄹㄷ) = [ ] cm입니다. 선대칭도형에서 각각의 [ ]의 길이가 같으므로 (선분 ㄱㄴ) = (선분 ㅁㄹ) = [ ] cm입니다.
따라서 (사각형 ㄱㄴㄹㅁ의 둘레) = (변 ㄱㄴ) + (변 ㄴㄹ) + (변 ㄹㅁ) + (변 ㅁㄱ) = 7 + [ ] + 7 + [ ] = [ ] (cm)입니다.

5단계 구하려는 답 (1점) 따라서 사각형 ㄱㄴㄹㅁ의 둘레는 [ ] cm입니다.

STEP 2 따라 풀어보기

직선 ㅁㅂ을 대칭축으로 하는 선대칭도형의 일부를 그린 것입니다. 선대칭도형을 완성했을 때, 선대칭도형의 둘레는 몇 cm인지 풀이 과정을 쓰고, 답을 구하세요. (9점)

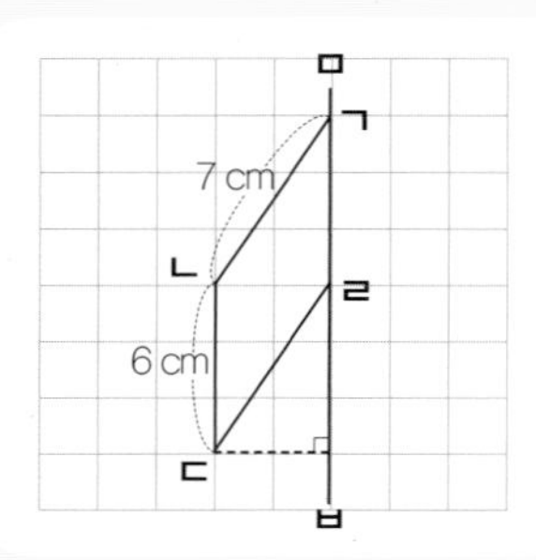

1단계 알고 있는 것 (1점)
직선 ㅁㅂ을 대칭축으로 하는 [ ] 도형의 일부를 알고 있습니다.

2단계 구하려는 것 (1점)
선대칭도형을 완성했을 때, 선대칭도형의 [ ] 는 몇 cm인지 구하려고 합니다.

3단계 문제 해결 방법 (2점)
선대칭도형에서 각각의 [ ] 의 길이가 서로 같습니다.

4단계 문제 풀이 과정 (3점)
선대칭도형을 완성하면 다음과 같습니다. (직접 그려 보세요.)

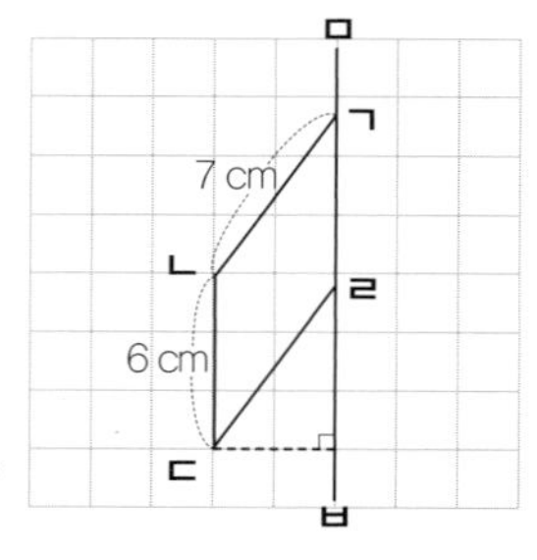

선대칭도형에서 각각의 [ ] 의 길이가 서로 같으므로 선대칭도형의 둘레는
([ ] + 6 + 7) × [ ] = [ ] (cm)입니다.

5단계 구하려는 답 (2점)
____

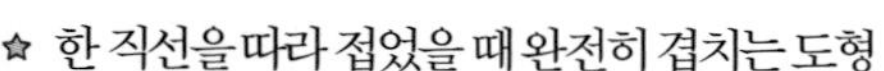

선대칭도형 알아보기

☆ 한 직선을 따라 접었을 때 완전히 겹치는 도형

☆ 선대칭도형의 성질

- 선대칭도형에서 각각의 대응변의 길이가 서로 같습니다.
- 선대칭도형에서 각각의 대응각의 크기가 서로 같습니다.
- 대응점끼리 이은 선분은 대칭축과 수직으로 만납니다.
- 대칭축은 대응점끼리 이은 선분을 둘로 똑같이 나눕니다.

STEP 3 스스로 풀어보기

1. 직선 ㄱㄴ을 대칭축으로 하는 선대칭도형의 일부를 그린 것입니다. 선대칭도형의 모든 각의 크기의 합은 몇 도인지 풀이 과정을 쓰고, 답을 구하세요. (10점)

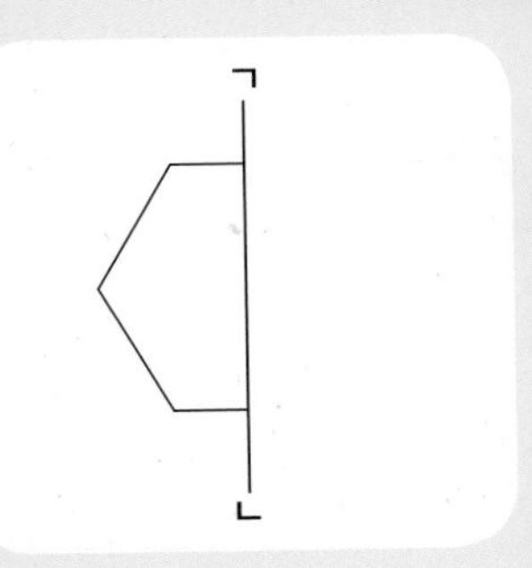

풀이

완성한 선대칭도형은 [　　] 입니다. [　　] 의 한 꼭짓점에서 대각선을 그으면 [　] 개의 삼각형으로 나누어지므로 육각형의 모든 각의 크기의 합은 180° × [　] = [　　]°입니다. 따라서 선대칭도형의 모든 각의 크기의 합은 [　　]°입니다.

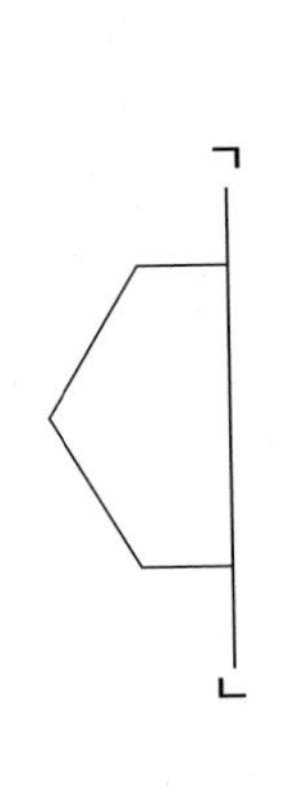

답 ________________

2. 직선 ㄱㄴ을 대칭축으로 하는 선대칭도형의 일부를 그린 것입니다. 선대칭도형의 모든 각의 크기의 합은 몇 도인지 풀이 과정을 쓰고, 답을 구하세요. (15점)

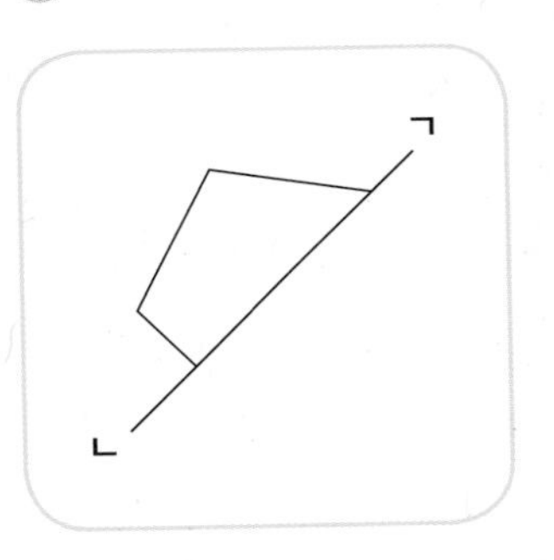

풀이

답 ________________

점대칭도형과 그 성질

STEP 1 대표 문제 맛보기

사각형 ㄱㄴㄷㄹ은 점 ㅇ을 대칭의 중심으로 하는 점대칭 도형입니다. 사각형의 대각선의 길이의 합이 24 cm일 때, 선분 ㄱㅇ과 선분 ㄹㅇ의 길이의 합은 몇 cm인지 풀이 과정을 쓰고, 답을 구하세요. (8점)

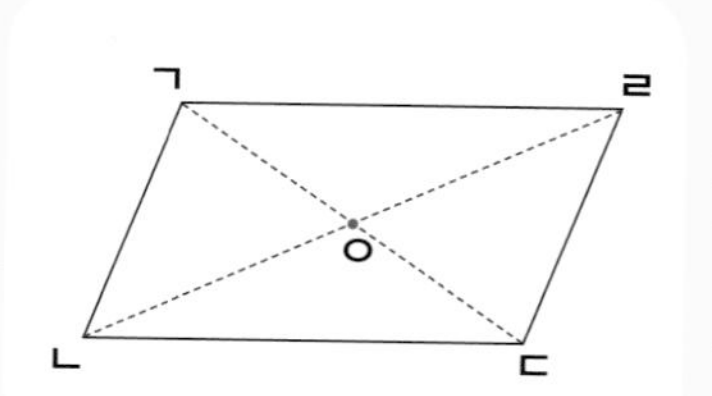

1단계 알고 있는 것 (1점)

사각형 ㄱㄴㄷㄹ은 점 ㅇ을 대칭의 중심으로 하는 ☐ 도형

사각형의 대각선의 길이의 합 : ☐ cm

2단계 구하려는 것 (1점)

선분 ☐ 과 선분 ☐ 의 길이의 ☐ 은 몇 cm인지 구하려고 합니다.

3단계 문제 해결 방법 (2점)

☐ 도형에서 대칭의 중심은 대응점끼리 이은 선분을 ☐ 로 똑같이 나눕니다.

4단계 문제 풀이 과정 (3점)

두 대각선의 길이의 합이 ☐ cm이고 대칭의 중심은 대응점끼리 이은 선분을 ☐ 로 똑같이 나누므로

(선분 ㄱㅇ과 선분 ㄹㅇ의 길이의 합) = (두 대각선의 길이의 합) ÷ ☐

= ☐ ÷ ☐ = ☐ (cm)입니다.

5단계 구하려는 답 (1점)

따라서 선분 ㄱㅇ과 선분 ㄹㅇ의 길이의 합은 ☐ (cm)입니다.

STEP 2 따라 풀어보기

다음 도형이 점 ㅇ을 대칭의 중심으로 하는 점대칭도형일 때, 선분 ㄱㄹ의 길이를 구하려고 합니다. 풀이 과정을 쓰고, 답을 구하세요. (9점)

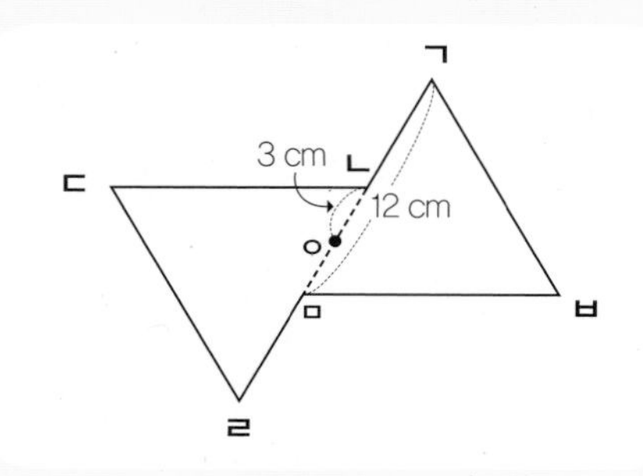

1단계 알고 있는 것 (1점) 주어진 도형은 [ ] 도형입니다.

2단계 구하려는 것 (1점) 선분 [ ] 의 길이를 구하려고 합니다.

3단계 문제 해결 방법 (2점) [ ] 도형에서 각각의 대응변의 길이는 서로 (같고 , 다르고), 대칭의 중심은 대응점끼리 이은 선분을 [ ] 로 똑같이 나눕니다.

4단계 문제 풀이 과정 (3점) 점대칭도형에서 대칭의 중심은 대응점끼리 이은 선분을 [ ] 로 똑같이 나누므로 (선분 ㄴㅇ) = (선분 ㅁㅇ) = [ ] cm이고, (선분 ㄱㄴ) = [ ] (cm)입니다. 점대칭도형에서 각각의 대응변의 길이가 같으므로 (변 ㄱㄴ) = (변 ㄹㅁ) = 6 cm입니다. (선분 ㄱㄹ) = (선분 ㄱㅁ) + (선분 ㄹㅁ) = [ ] + [ ] = [ ] (cm)입니다.

5단계 구하려는 답 (2점) ______

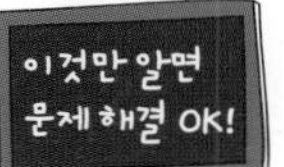

이것만 알면 문제 해결 OK!

점대칭도형 알아보기

☆ 한 도형을 어떤 점을 중심으로 180°돌렸을 때 처음 도형과 완전히 겹치는 도형

☆ 점대칭도형의 성질

- 점대칭도형에서 각각의 대응변의 길이는 서로 같습니다.
- 점대칭도형에서 각각의 대응각의 크기는 서로 같습니다.
- 대칭의 중심은 대응점끼리 이은 선분을 똑같이 둘로 나눕니다.

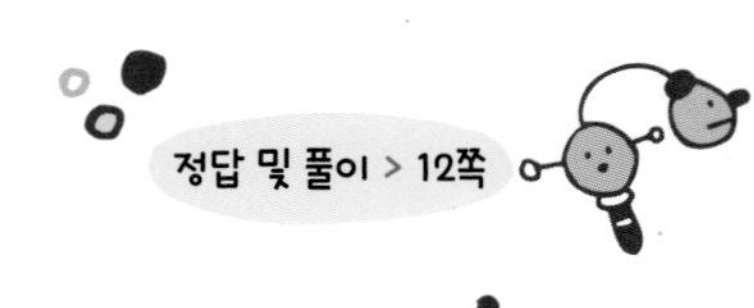

1. 다음과 같은 수 카드가 있습니다. 이 중에서 점대칭이 되는 수 카드를 골라 한 번씩 모두 이용하여 만든 수 중에서 가장 큰 수와 가장 작은 수의 차를 구하는 풀이 과정을 쓰고, 답을 구하세요. (10점)

풀이

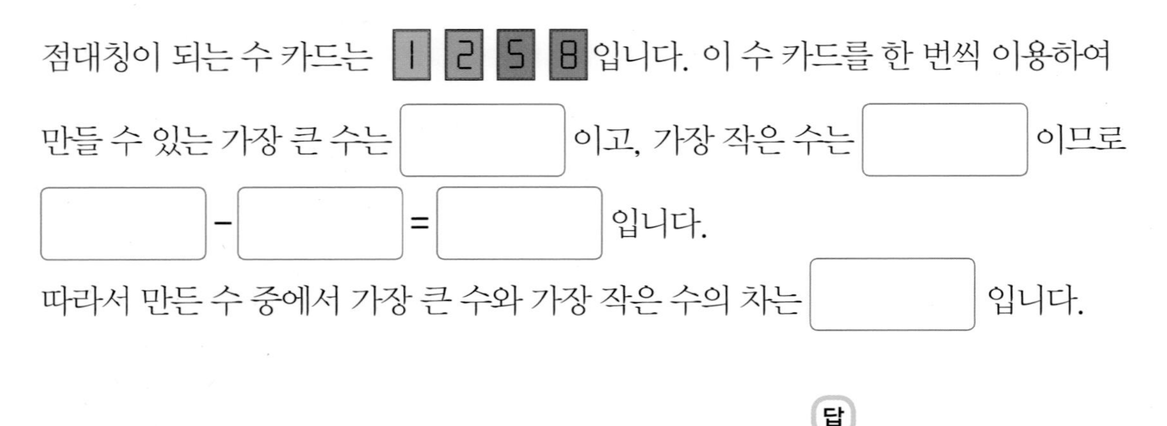

답

2. 다음과 같은 수 카드가 있습니다. 이 중에서 점대칭이 되는 수 카드를 골라 한 번씩 모두 이용하여 만든 수 중에서 가장 큰 수와 가장 작은 수의 차를 구하는 풀이 과정을 쓰고, 답을 구하세요.
(단, 가장 높은 자리에 0이 올 수 없습니다.) (15점)

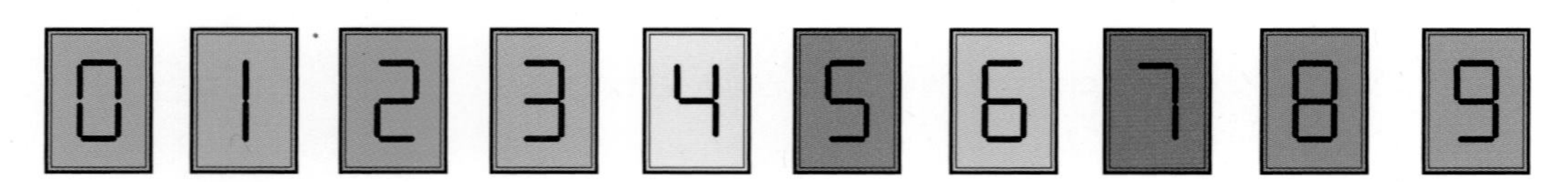

답

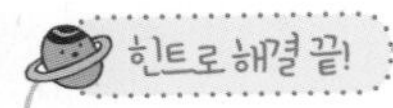

정답 및 풀이 > 12쪽

1

유형❷+❸

사각형 ㄱㄴㄷㄹ은 선대칭도형이고 사각형 ㄴㅁㅂㄷ은 점대칭도형입니다. 두 도형을 그림과 같이 이어 붙였을 때 도형 ㄱㄴㅁㅂㄷㄹ의 둘레가 44 cm이고 변 ㅂㄷ의 길이가 변 ㄱㄴ의 길이보다 1 cm 더 길다면, 변 ㄷㄹ의 길이는 몇 cm인지 풀이 과정을 쓰고, 답을 구하세요. (20점)

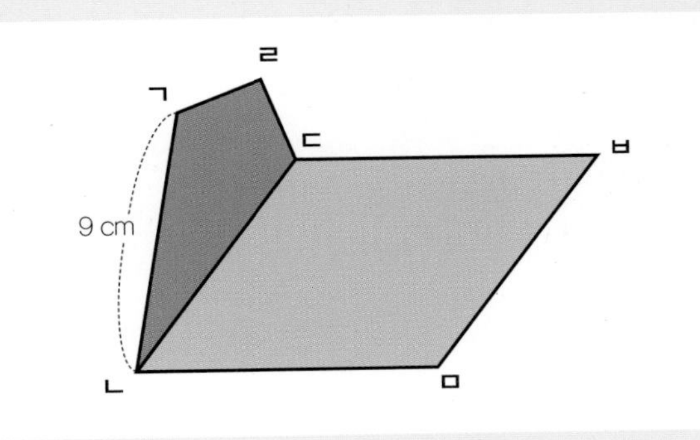

힌트로 해결 끝!

선대칭도형과 점대칭도형은 각각의 대응변의 길이가 서로 같아요.

풀이

답

2 

창의융합

사다리꼴의 윗변과 아랫변을 각각 6등분하여 선을 그은 것입니다. 그림에서 찾을 수 있는 크고 작은 합동인 사각형은 모두 몇 쌍인지 풀이 과정을 쓰고, 답을 구하세요. (20점)

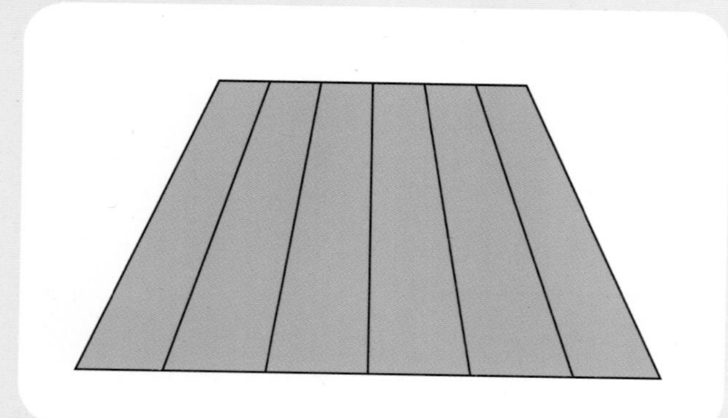

힌트로 해결 끝!

사각형의 수를 늘려가며 합동인 사각형 찾기

풀이

답

정답 및 풀이 > 13쪽

3

생활수학

정사각형 모양 색종이를 반으로 접었다 펼친 후 꼭짓점 ㄱ과 꼭짓점 ㄹ이 접힌 선과 만나도록 접었습니다. ㉠의 크기는 몇 도인지 풀이 과정을 쓰고, 답을 구하세요. (20점)

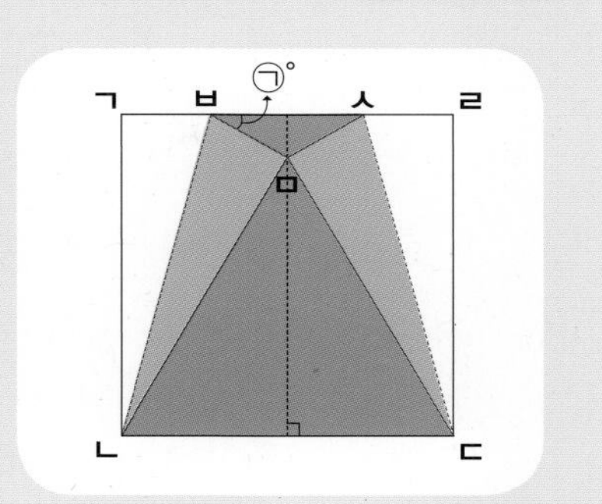

힌트로 해결 끝!

정삼각형은 세 각의 크기가 모두 60°

합동인 도형은 각각의 대응각의 크기가 서로 같아요.

풀이

답

4

유형❷+❸

다음 도형은 직선 ㅅㅇ을 대칭축으로 하는 선대칭도형의 일부이면서 점 ㅈ을 대칭의 중심으로 하는 점대칭도형의 일부이기도 합니다. 선대칭도형과 점대칭도형을 그렸을 때, 그린 부분에서 겹치는 곳의 넓이는 몇 cm^2인지 풀이 과정을 쓰고, 답을 구하세요. (20점)

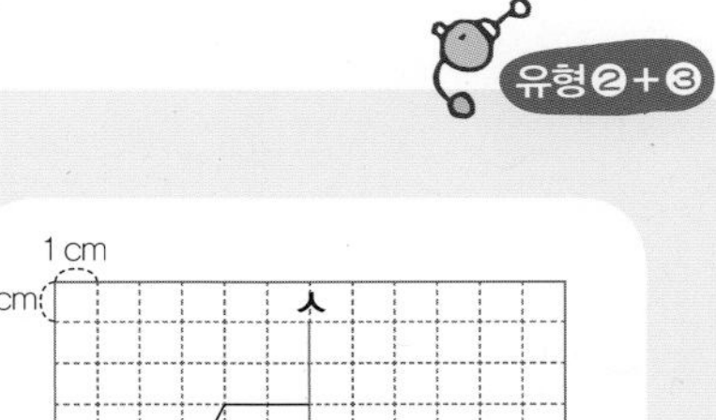

힌트로 해결 끝!

선대칭도형과 점대칭도형 그리기

겹친 부분 알아보기

풀이

답

거꾸로 풀며 나만의 문제를 완성해 보세요.

정답 및 풀이 > 13쪽

다음은 주어진 낱말과 조건을 활용해서 만든 문제를 보고 풀이 과정과 답을 구한 것입니다. 어떤 문제였을까요? 거꾸로 문제 만들기, 도전해 볼까요? (25점)

낱말 정사각형, 정삼각형, 선대칭도형

조건 대칭축의 개수의 합 구하기

★ 힌트 ★
대칭축의 개수의 합을 구해요.

문제

풀이

정사각형의 대칭축은 4개이고 정삼각형의 대칭축은 3개입니다.
따라서 정사각형과 정삼각형의 대칭축의 개수는 모두 4+3=7(개)입니다.

답 7개

4. 소수의 곱셈

- 유형1 (소수)×(자연수)
- 유형2 (자연수)×(소수)
- 유형3 (소수)×(소수)
- 유형4 곱의 소수점의 위치

(소수)×(자연수)

STEP 1 대표 문제 맛보기

다음 계산의 과정을 보고 ㉠, ㉡, ㉢, ㉣, ㉤에 알맞은 수를 구하여 ㉠−㉡+㉢+㉣−㉤의 값을 구하려고 합니다. 풀이 과정을 쓰고, 답을 구하세요. (8점)

$0.8\times4=\frac{8}{㉠}\times㉡=\frac{㉢\times4}{10}=\frac{㉣}{10}=㉤$

1단계 알고 있는 것 (1점)
0.8×4의 계산의 ☐을 알고 있습니다.

2단계 구하려는 것 (1점)
㉠, ㉡, ㉢, ㉣, ㉤에 알맞은 수를 구하여 ㉠−☐+㉢+☐−㉤의 값을 구하려고 합니다.

3단계 문제 해결 방법 (2점)
소수를 ☐로 바꾸어 분수의 (곱셈 , 나눗셈)으로 계산할 수 있습니다.

4단계 문제 풀이 과정 (3점)
소수 0.8을 분모가 ☐인 분수로 나타내면 ☐입니다.

$0.8\times4=\frac{8}{㉠}\times㉡=\frac{㉢\times4}{10}=\frac{㉣}{10}=㉤$에서

$0.8\times4=$ ☐ $\times4=\frac{8\times4}{10}=$ ☐ $=$ ☐ 이므로

㉠= ☐, ㉡= ☐, ㉢= ☐, ㉣= ☐, ㉤= ☐ 입니다.

㉠−㉡+㉢+㉣−㉤= ☐ − ☐ + ☐ + ☐ − ☐

= ☐ 입니다.

5단계 구하려는 답 (1점)
따라서 ㉠−㉡+㉢+㉣−㉤의 값은 ☐ 입니다.

STEP 2 따라 풀어보기

색연필 한 자루의 무게는 16.4 g입니다. 색연필 한 타의 무게는 몇 g인지 소수를 분수로 바꾸어 계산하는 풀이 과정을 쓰고, 답을 구하세요. (단, 한 타는 12자루입니다.) (9점)

1단계 알고 있는 것 (1점) 색연필 한 자루의 무게 : ☐ g

2단계 구하려는 것 (1점) 색연필 ☐ 타의 ☐ 는 몇 g인지 구하려고 합니다.

3단계 문제 해결 방법 (2점) 색연필 한 타는 ☐ 자루이므로 한 자루의 무게에 색연필의 수를 (곱합니다 , 나눕니다).

4단계 문제 풀이 과정 (3점) 색연필 한 타는 ☐ 자루입니다.

(색연필 한 타의 무게) = (색연필 한 자루의 무게) × (색연필의 수)

$= 16.4 \times \square = \frac{\square}{10} \times \square = \frac{\square \times \square}{10}$

$= \frac{\square}{10} = \square$ (g)입니다.

5단계 구하려는 답 (2점) ____________________

(소수) × (자연수)

이것만 알면 문제 해결 OK!

☆ 덧셈식으로 계산하기
- 0.2×3=0.2+0.2+0.2=0.6

☆ 분수의 곱셈으로 계산하기
- $0.2 \times 3 = \frac{2}{10} \times 3 = \frac{2 \times 3}{10} = \frac{6}{10} = 0.6$

☆ 0.1의 개수로 계산하기
- 0.2×3=0.1×2×3=0.1×6=0.6

☆ 자연수의 곱셈으로 계산하기
- 2 × 3 = 6

  ↓ $\frac{1}{10}$배 ↓ $\frac{1}{10}$배

  0.2 × 3 = 0.6

1. □ 안에 들어갈 수 있는 가장 작은 자연수를 구하려고 합니다. 풀이 과정을 쓰고, 답을 구하세요. (10점)

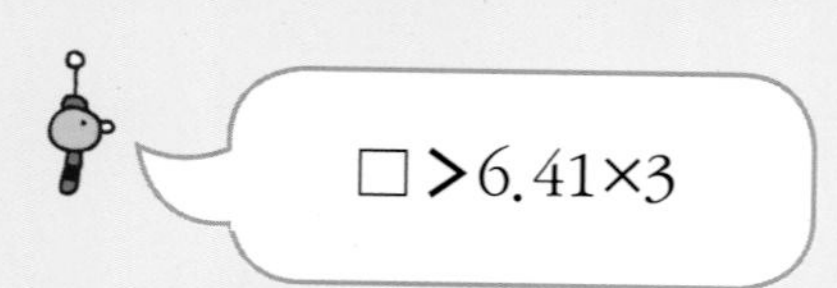

풀이

$6.41 \times 3 = \frac{641}{100} \times$ □ $= \frac{641 \times 3}{100} =$ □ $=$ □ 이므로

□ > □ 입니다.

따라서 □ 안에 들어갈 수 있는 가장 □ 자연수는 □ 입니다.

답 ____________

2. □ 안에 들어갈 수 있는 가장 큰 자연수를 구하려고 합니다. 풀이 과정을 쓰고, 답을 구하세요. (15점)

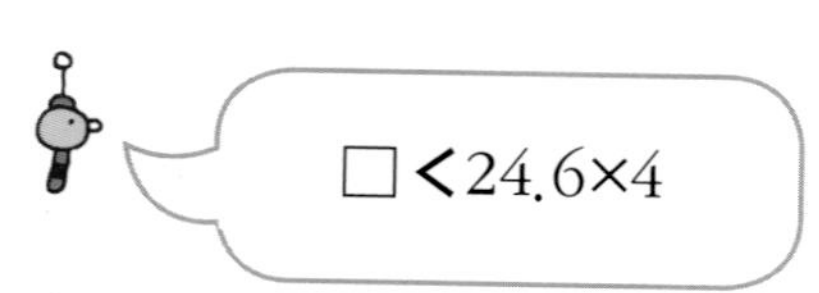

풀이

답 ____________

(자연수)×(소수)

정답 및 풀이 > 14쪽

STEP 1 대표 문제 맛보기

밑변의 길이가 4 cm이고 높이가 1.8 cm인 평행사변형의 넓이는 몇 cm^2인지 자연수의 곱셈으로 구하려고 합니다. 풀이 과정을 쓰고, 답을 구하세요. (8점)

1단계 알고 있는 것 (1점)

평행사변형의 밑변의 길이 : ☐ cm,

평행사변형의 높이 : ☐ cm

2단계 구하려는 것 (1점)

평행사변형의 ☐ 는 몇 cm^2인지 자연수의 곱셈으로 구하려고 합니다.

3단계 문제 해결 방법 (2점)

(평행사변형의 넓이) = (☐ 의 길이) × (☐)로 구합니다.

곱하는 수가 ☐ 배가 되면 곱도 $\frac{1}{10}$ 배가 됩니다.

4단계 문제 풀이 과정 (3점)

(평행사변형의 넓이) = (☐ 의 길이) × (☐)

= ☐ × 1.8입니다.

4와 18의 곱은 ☐ 이고, 1.8은 18의 ☐ 배이므로

4와 1.8의 곱은 72의 $\frac{1}{10}$ 배인 ☐ 입니다.

5단계 구하려는 답 (1점)

따라서 평행사변형의 넓이는 ☐ (cm^2)입니다.

STEP 2 따라 풀어보기

다음을 분수의 곱셈으로 계산하여 계산 결과가 가장 큰 것과 가장 작은 것을 찾아 두 곱의 합을 소수로 구하려고 합니다. 풀이 과정을 쓰고, 답을 구하세요. (9점)

5×1.2 4×1.3 7×0.12

1단계 알고 있는 것 (1점)

자연수와 소수의 곱셈을 알고 있습니다.

$5\times\square$ $4\times\square$ $7\times\square$

2단계 구하려는 것 (1점)

계산 결과가 가장 □ 것과 가장 작은 것을 찾아 두 곱의 □ 을 소수로 구하려고 합니다.

3단계 문제 해결 방법 (2점)

자연수와 소수의 곱셈을 □ 의 곱셈으로 계산하여 가장 큰 곱과 가장 작은 곱을 찾아 (더합니다 , 뺍니다).

4단계 문제 풀이 과정 (3점)

분수의 곱셈으로 계산하면

$5\times1.2=5\times\frac{\square}{10}=\frac{\square}{10}=\square$,

$4\times1.3=4\times\frac{\square}{10}=\frac{\square}{10}=\square$,

$7\times0.12=7\times\frac{\square}{100}=\frac{\square}{100}=\square$ 이므로

$\square>5.2>\square$ 입니다. 계산 결과가 가장 큰 곱은 □ 이고 가장 작은 곱은 □ 이므로 두 곱의 합을 소수로 나타내면

$6+\square=\square$ 입니다.

5단계 구하려는 답 (2점)

정답 및 풀이 > 15쪽

STEP 3 스스로 풀어보기

유형 2

1. 한 변의 길이가 3 m인 정사각형의 세로를 0.3 m 줄여 만든 직사각형의 넓이는 몇 cm^2인지 분수의 곱셈으로 구하려고 합니다. 풀이 과정을 쓰고, 답을 구하세요. (단, 답은 소수로 나타내세요.) (10점)

풀이

(직사각형의 넓이) = (가로) × ($\square$)이므로 직사각형의 가로와 세로를 먼저 구합니다.

(직사각형의 가로) = (정사각형의 한 변의 길이) = $\square$ m이고,

(직사각형의 세로) = (정사각형의 한 변의 길이) − $\square$ = 3 − $\square$ = $\square$ (m)입니다.

따라서 (직사각형의 넓이) = 3 × $\square$ = 3 × $\square$ = $\square$ = $\square$ (m^2)입니다.

답

2. 세로가 가로보다 0.4 m 짧은 직사각형이 있습니다. 가로가 4 m일 때 이 직사각형의 넓이는 몇 cm^2인지 분수의 곱셈으로 구하려고 합니다. 풀이 과정을 쓰고, 답을 구하세요. (단, 답은 소수로 나타내세요.) (15점)

풀이

답

(소수)×(소수)

STEP 1 대표 문제 맛보기

영주가 가지고 있는 끈의 길이는 0.8m이고 진영이는 영주가 가지고 있는 끈의 길이의 1.2배만큼의 끈을 가지고 있습니다. 진영이가 가지고 있는 끈의 길이는 몇 m인지 소수로 구하려고 합니다. 풀이 과정을 쓰고, 답을 구하세요. (8점)

1단계 알고 있는 것 (1점)

영주가 가지고 있는 끈의 길이 : □m

진영이가 가지고 있는 끈의 길이 : 영주가 가지고 있는 끈의 길이의 □배

2단계 구하려는 것 (1점)

□이가 가지고 있는 끈의 길이는 몇 m인지 □로 구하려고 합니다.

3단계 문제 해결 방법 (2점)

0.8의 1.2배는 0.8에 1.2를 (더해서 , 곱해서) 구합니다.

4단계 문제 풀이 과정 (3점)

(진영이가 가지고 있는 끈의 길이) = (영주가 가지고 있는 끈의 길이) × 1.2

$= 0.8 \times \square$

$= \frac{\square}{10} \times \frac{\square}{10}$

$= \frac{\square \times \square}{100}$

$= \frac{\square}{100} = \square$ (m)

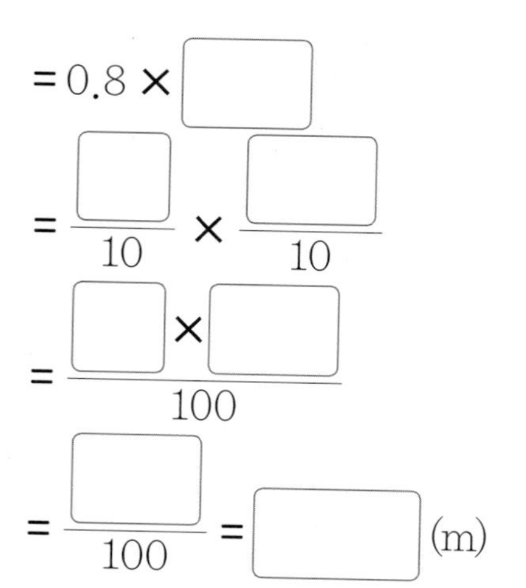

5단계 구하려는 답 (1점)

따라서 진영이가 가지고 있는 끈의 길이는 □m입니다.

STEP 2 따라 풀어보기

한 시간에 84.5 km를 가는 자동차가 일정한 빠르기로 3시간 45분 동안 간 거리는 몇 km인지 소수로 구하려고 합니다. 풀이 과정을 쓰고, 답을 구하세요. (9점)

1단계 알고 있는 것 (1점) 자동차가 한 시간 동안 가는 거리: ☐ km

2단계 구하려는 것 (1점) 자동차가 ☐ 시간 ☐ 분 동안 간 ☐ 는 몇 km인지 구하려고 합니다.

3단계 문제 해결 방법 (2점) 한 시간 동안 간 거리에 간 시간을 (곱합니다 , 더합니다).

4단계 문제 풀이 과정 (3점) 3시간 45분 $= 3\frac{\square}{60}$ 시간 $= 3\frac{\square}{4}$ 시간 $= 3\frac{\square}{100}$ 시간

$= 3.\square$ 시간입니다.

(자동차가 3시간 45분 동안 간 거리)

= (한 시간 동안 간 거리) × (간 시간)

$= 84.5 \times \square = \square$ (km)입니다.

5단계 구하려는 답 (2점) ____________________

STEP 3 스스로 풀어보기

1. 한 변의 길이가 2.5 cm인 정사각형 모양 타일 40장을 벽에 붙였습니다. 벽에 붙인 타일의 넓이는 몇 cm^2인지 풀이 과정을 쓰고, 답을 구하세요. (10점)

(정사각형 모양 타일 한 장의 넓이) = (한 변의 길이) × (한 변의 길이)

$= \square \times 2.5$

$= \square \times \frac{25}{10} = \square = \square (cm^2)$

(타일 40장의 넓이)=(타일 한 장의 넓이)×(타일 수)

$= \square \times \square = \frac{625}{100} \times \square = \frac{\square}{100} = \square (cm^2)$

따라서 벽에 붙인 타일의 넓이는 $\square$ cm^2입니다.

답

2. 교실의 게시판을 꾸미는 데 정사각형 모양의 색종이 35장을 사용했습니다. 색종이의 한 변의 길이가 10.5 cm일 때, 사용한 색종이의 넓이는 모두 몇 cm^2인지 풀이 과정을 쓰고, 답을 구하세요. (단, 답은 소수로 나타내세요.) (15점)

답

곱의 소수점의 위치

정답 및 풀이 > 16쪽

STEP 1 대표 문제 맛보기

$67 \times 84 = 5628$임을 이용하여 계산했을 때 ㉠, ㉡, ㉢ 중 다른 하나는 무엇인지 기호로 구하려고 합니다. 풀이 과정을 쓰고, 답을 구하세요. (8점)

$67 \times 8.4 =$ ㉠ $0.67 \times 84 =$ ㉡ $6.7 \times 8.4 =$ ㉢

1단계 알고 있는 것 (1점) $67 \times 84 =$ ☐ 와 곱셈식 ㉠, ㉡, ㉢

2단계 구하려는 것 (1점) ☐, ㉡, ☐ 중 들어갈 수가 다른 하나를 구하려고 합니다.

3단계 문제 해결 방법 (2점) 곱하는 수 또는 곱해지는 수의 소수점 아래 자리 수가 하나씩 늘어날 때마다 곱의 소수점이 (왼쪽 , 오른쪽)으로 한 자리씩 옮겨지고, 소수끼리의 곱셈에서 곱의 소수점의 위치는 곱하는 두 수의 소수점 ☐ 자리 수를 더한 것과 결괏값의 소수점 ☐ 자리 수는 (같음 , 다름)을 이용합니다.

4단계 문제 풀이 과정 (3점) ㉠ 67×8.4는 67×84보다 84에 소수점 아래 자리 수가 한 개 더 늘어났으므로 소수점을 왼쪽으로 한 자리 옮기면 ☐ 입니다.

㉡ 0.67×84는 67×84보다 67에 소수점 아래 자리 수가 2개 더 늘어났으므로 소수점을 왼쪽으로 두 자리 옮기면 ☐ 입니다.

㉢ 6.7×8.4는 두 소수의 소수점 아래 자리 수를 더하면 2이고 결괏값의 소수점 아래 자리 수도 2이므로 $6.7 \times 8.4 =$ ☐ 입니다.

5단계 구하려는 답 (1점) 따라서 계산 결과가 다른 것은 ☐ 입니다.

STEP 2 따라 풀어보기

38×24=912일 때, 다음을 계산하여 곱의 소수점 아래 자리 수가 다른 하나를 찾아 기호를 쓰려고 합니다. 풀이 과정을 쓰고, 답을 구하세요. (9점)

㉠ 3.8×0.24 ㉡ 3.8×2.4 ㉢ 0.38×2.4 ㉣ 38×0.024

1단계 알고 있는 것 (1점) 38×24=☐와 곱셈식 ㉠, ㉡, ㉢, ☐

2단계 구하려는 것 (1점) ㉠, ㉡, ㉢, ㉣ 중 곱의 소수점 아래 자리 수가 ☐ 하나를 찾아 기호를 쓰려고 합니다.

3단계 문제 해결 방법 (2점) 곱하는 수 또는 곱해지는 수의 소수점 ☐ 자리 수가 하나씩 늘어날 때마다 곱의 소수점이 (왼쪽 , 오른쪽)으로 한 자리씩 옮겨지고, 소수끼리의 곱셈에서 곱의 ☐의 위치는 곱하는 두 수의 소수점 ☐ 자리 수를 더한 것과 결과 값의 소수점 ☐ 자리 수는 (같음 , 다름)을 이용합니다.

4단계 문제 풀이 과정 (3점) 38 × 24 = 912일 때,

㉠ 3.8 × 0.24 = ☐

㉡ 3.8 × 2.4 = ☐

㉢ 0.38 × 2.4 = ☐

㉣ 38 × 0.024 = ☐

5단계 구하려는 답 (2점) ______

1. 다음을 보고 ㉠은 ㉡의 몇 배인지 구하려고 합니다. 풀이 과정을 쓰고, 답을 구하세요. (10점)

9.127×㉠=912.7

912.7×㉡=9.127

풀이

9.127 × ㉠ = 912.7에서 9.127의 소수점이 (오른, 왼)쪽으로 [ ] 자리 옮겨져 912.7이 된 것이므로 ㉠ = [ ] 이고, 912.7 × ㉡ = 9.127에서 912.7의 소수점이 (오른, 왼)쪽으로 [ ] 자리 옮겨져 9.127이 된 것이므로 ㉡ = [ ] 입니다. 100은 0.01의 소수점을 오른쪽으로 [ ] 자리 옮긴 수이므로 0.01의 [ ] 배입니다.

따라서 ㉠은 ㉡의 [ ] 배입니다.

답 ____________________

2. 다음을 보고 ㉠은 ㉡의 몇 배인지 구하려고 합니다. 풀이 과정을 쓰고, 답을 구하세요. (15점)

122.8×㉠=12.28

122.8×㉡=1228

답 ____________________

스스로 문제를 풀어보며 실력을 높여보세요.

1

㉠은 소수 한 자리 수
㉡을 구하려면 계산할 수 있는 것을 먼저 계산해요.

㉠과 ㉡이 설명하는 수를 이용하여 ㉠×3+㉡×1.2의 값을 구하려고 합니다. 풀이 과정을 쓰고, 답을 구하세요. (20점)

㉠ 일의 자리 숫자는 1.25×4이고, 소수 첫째 자리 숫자는 일의 자리 숫자보다 3만큼 더 작은 소수 한 자리 수

㉡ 1.4×5보다 크고 1.6×6보다 작은 자연수 중 더 큰 수

풀이

답

2

힌트로 해결 끝!

두 개의 직사각형으로 나누어 넓이의 합을 구할 수도 있어요.

다음 도형의 넓이는 몇 cm²인지 구하려고 합니다. 풀이 과정을 쓰고, 답을 구하세요. (20점)

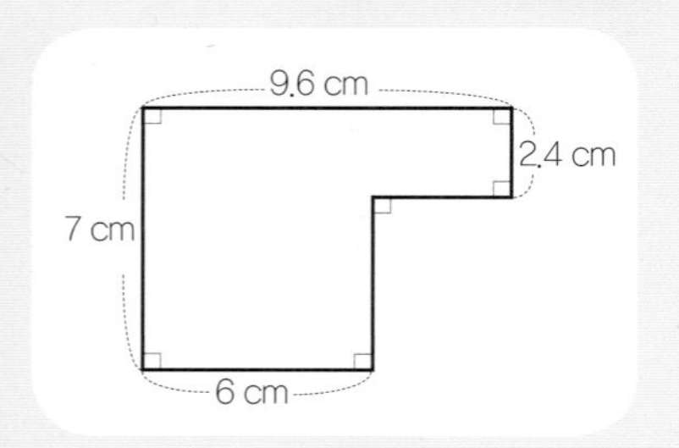

풀이

답

정답 및 풀이 > 16쪽

생활수학

3

다음 지영이의 일기를 읽고 물음에 답하세요.

우리 집에서 나는 키가 제일 작다. 엄마는 내 키의 0.08만큼이 더 크고, 아빠 키는 엄마 키의 1.1배이다. 내년에는 지금보다 5 cm 더 자랐으면 좋겠다.

지영이의 현재 키가 1.5 m라면 아빠의 키는 몇 cm인지 풀이 과정을 쓰고, 답을 구하세요. (20점)

힌트로 해결 끝!

(엄마의 키)
=(지영이의 키)
+(지영이의 키)×0.08

풀이

답

생활수학

4

길이가 30 cm인 양초에 불을 붙이면 1분에 0.2 cm씩 줄어듭니다. 이 양초에 불을 붙인 후 4분 15초 후에 불을 껐을 때, 남은 양초의 길이는 몇 cm인지 소수로 구하려고 합니다. 풀이 과정을 쓰고, 답을 구하세요. (20점)

힌트로 해결 끝!

4분 15초=4.25분

1분에 0.2 cm씩 줄어들면 4.25분 동안 줄어든 길이는 0.2×4.25로 구해요.

풀이

답

거꾸로 풀며 나만의 문제를 완성해 보세요.

정답 및 풀이 > 17쪽

다음은 주어진 무게와 낱말, 조건을 활용해서 만든 문제를 보고 풀이 과정과 답을 구한 것입니다. 어떤 문제였을까요? 거꾸로 문제 만들기, 도전해 볼까요? (25점)

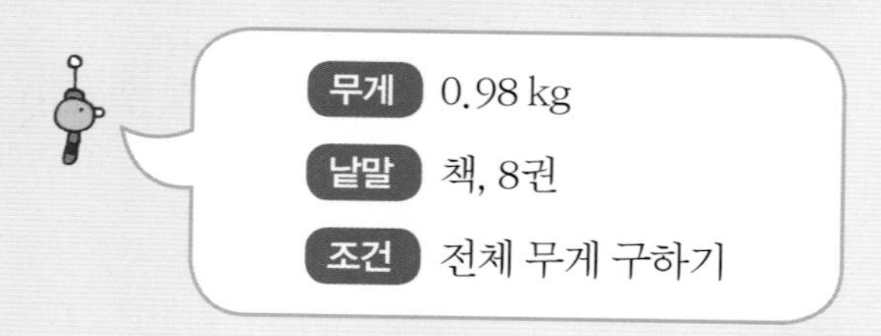

★ 힌트 ★
책 8권의 무게를 구하는 문제를 만들어요.

문제

풀이

책 한 권의 무게가 0.98 kg이므로 책 8권의 무게는 0.98×8=7.84 (kg)입니다. 1 kg은 1000 g이므로 7.84 kg은 7840 g입니다.
따라서 책 8권의 무게는 모두 7840 g입니다.

답 7840 g

5. 직육면체

유형1 직육면체와 정육면체

유형2 직육면체의 겨냥도

유형3 정육면체의 전개도

유형4 직육면체의 전개도

직육면체와 정육면체

다음은 직육면체를 설명한 것입니다. □ 안에 들어갈 수들의 합을 구하려고 합니다. 풀이 과정을 쓰고, 답을 구하세요. (8점)

> 직육면체는 직사각형 □개로 둘러싸인 도형으로 평행한 면이 □쌍입니다. 한 꼭짓점에서 만나는 면은 □개이고 한 면과 수직으로 만나는 면은 □개입니다.

1단계 알고 있는 것 (1점) □를 설명한 것을 알고 있습니다.

2단계 구하려는 것 (1점) □ 안에 들어갈 수들의 □을 구하려고 합니다.

3단계 문제 해결 방법 (2점) 직육면체는 □ 6개로 둘러싸인 도형입니다.

4단계 문제 풀이 과정 (3점) 직육면체는 직사각형 □개로 둘러싸인 도형으로 평행한 면이 □쌍입니다. 한 꼭짓점에서 만나는 면은 □개이고 한 면과 수직으로 만나는 면은 □개입니다.

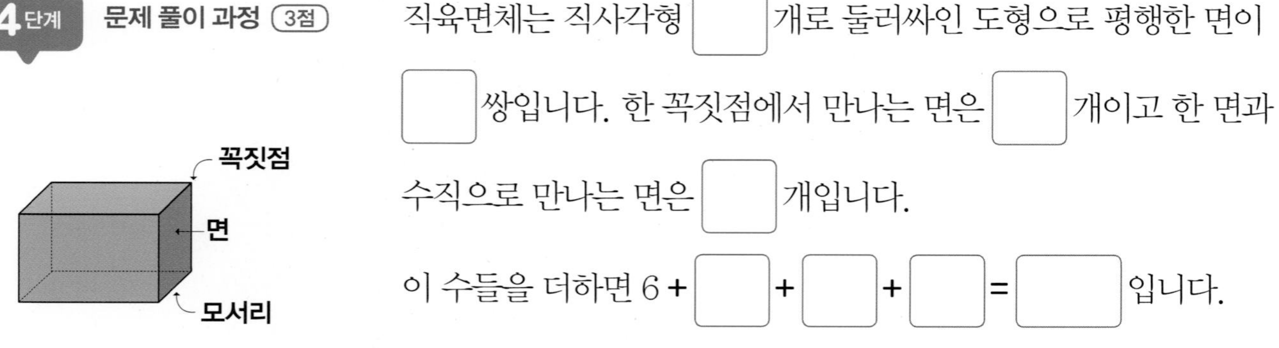

이 수들을 더하면 6 + □ + □ + □ = □입니다.

5단계 구하려는 답 (1점) 따라서 □ 안에 들어갈 수들의 합은 □입니다.

STEP 2 따라 풀어보기

다음은 정육면체를 설명한 것입니다. □ 안에 들어갈 수 중 가장 큰 수와 가장 작은 수의 차를 구하려고 합니다. 풀이 과정을 쓰고, 답을 구하세요. (9점)

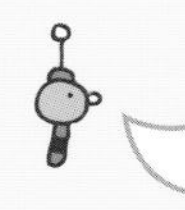

정육면체의 면의 수는 □개, 꼭짓점의 수는 □개, 모서리의 수는 □개입니다.

1단계 알고 있는 것 (1점) □를 설명한 것을 알고 있습니다.

2단계 구하려는 것 (1점) □ 안에 들어갈 수 중 가장 □ 수와 가장 작은 수의 □를 구하려고 합니다.

3단계 문제 해결 방법 (2점) 정육면체는 □ 6개로 둘러싸인 도형입니다.

4단계 문제 풀이 과정 (3점) 정육면체는 정사각형 □개로 둘러싸인 도형으로 면의 수는 □개, 꼭짓점의 수는 □개, 모서리의 수는 □개입니다.
□ 안에 들어갈 수 중 가장 큰 수는 □이고, 가장 작은 수는 □입니다. 이 수들의 차는 □ − □ = □입니다.

5단계 구하려는 답 (2점) ____________

이것만 알면 문제해결 OK!

직육면체와 정육면체

☆ 직육면체
: 직사각형 6개로 둘러싸인 도형

☆ 정육면체
: 정사각형 6개로 둘러싸인 도형

STEP 3 스스로 풀어보기

1. 윤지는 정육면체 모양의 상자를 만들었습니다. 만든 상자의 모든 모서리의 길이의 합은 몇 cm인지 풀이 과정을 쓰고, 답을 구하세요. (10점)

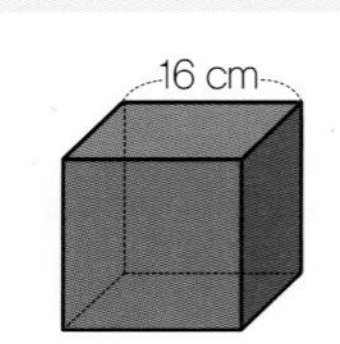

풀이

정육면체는 모든 모서리의 길이가 (같습니다 , 다릅니다).

정육면체의 모서리는 ☐ 개이고, 한 모서리의 길이가 ☐ cm이므로

(만든 상자의 모든 모서리의 길이의 합) = (한 모서리의 길이) × ☐

= ☐ × 12 = ☐ (cm)입니다.

답 ______

2. 영석이는 직육면체 모양의 상자를 만들었습니다. 만든 상자의 모든 모서리의 길이의 합은 몇 cm인지 풀이 과정을 쓰고, 답을 구하세요. (15점)

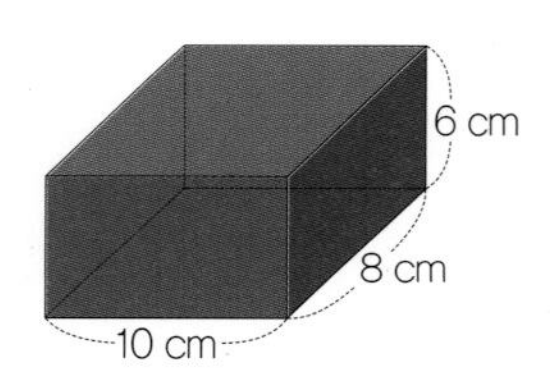

답 ______

직육면체의 겨냥도

정답 및 풀이 > 18쪽

STEP 1 대표 문제 맛보기

직육면체의 겨냥도를 보고 설명한 것 중 잘못 설명한 것은 무엇인지 기호를 쓰려고 합니다. 풀이 과정을 쓰고, 답을 구하세요. (8점)

㉠ 보이는 면은 3개입니다.
㉡ 보이는 꼭짓점은 7개입니다.
㉢ 보이지 않는 모서리는 9개입니다.

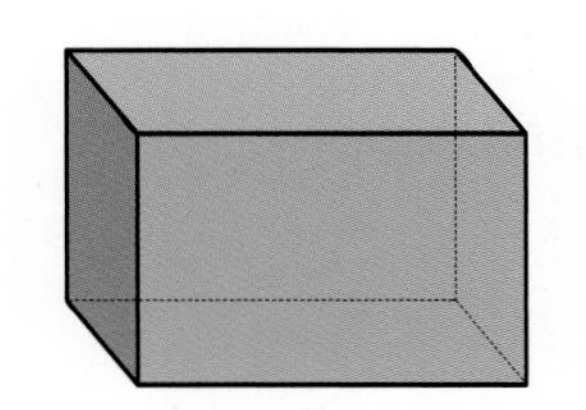

1단계 알고 있는 것 (1점) 직육면체의 ☐ 와 그것을 보고 설명한 것을 알고 있습니다.

2단계 구하려는 것 (1점) 직육면체의 겨냥도를 보고 설명한 것 중 (바르게 , 잘못) 설명한 것은 무엇인지 기호를 쓰려고 합니다.

3단계 문제 해결 방법 (2점) 직육면체 모양을 잘 알 수 있도록 보이는 모서리는 ☐ 으로 보이지 않는 모서리는 ☐ 으로 나타낸 그림을 직육면체의 ☐ 라고 합니다.

4단계 문제 풀이 과정 (3점) 직육면체의 겨냥도에서 보이는 면 ☐ 개, 보이지 않는 면 ☐ 개, 보이는 모서리 ☐ 개, 보이지 않는 모서리 ☐ 개, 보이는 꼭짓점 ☐ 개, 보이지 않는 꼭짓점 ☐ 개입니다.

5단계 구하려는 답 (1점) 따라서 잘못 설명한 것은 ☐ 입니다.

STEP 2 따라 풀어보기

다음 직육면체의 겨냥도에서 보이지 않는 모서리의 길이의 합은 몇 cm인지 풀이 과정을 쓰고, 답을 구하세요. (9점)

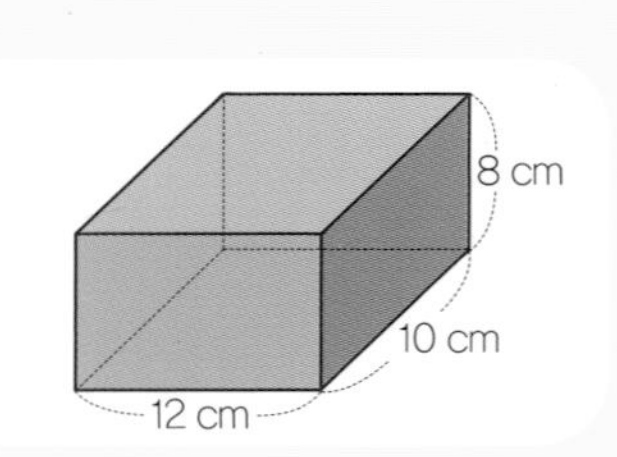

1단계 알고 있는 것 (1점)

직육면체의 가로 : ☐ cm

직육면체의 세로 : ☐ cm

직육면체의 높이 : ☐ cm

2단계 구하려는 것 (1점)

직육면체의 겨냥도에서 (보이는 , 보이지 않는) 모서리의 길이의 ☐ 이 몇 cm인지 구하려고 합니다.

3단계 문제 해결 방법 (2점)

직육면체의 겨냥도에서 점선으로 나타낸 모서리는 (보이는 , 보이지 않는) 모서리입니다.

4단계 문제 풀이 과정 (3점)

직육면체의 겨냥도에서 ☐ 으로 나타낸 모서리는 보이지 않는 모서리이므로 보이지 않는 모서리의 길이의 ☐ 은 가로, 세로, 높이를 더한 ☐ + ☐ + ☐ = ☐ (cm)와 같습니다.

5단계 구하려는 답 (2점)

---

123 이것만 알면 문제 해결 OK!

직육면체의 겨냥도

면의 수(개)		모서리의 수(개)		꼭짓점의 수(개)	
보이는 면	보이지 않는 면	보이는 모서리	보이지 않는 모서리	보이는 꼭짓점	보이지 않는 꼭짓점
3	3	9	3	7	1

STEP 3 스스로 풀어보기

1. 직육면체의 겨냥도에서 면 ㄱㄴㄷㄹ과 평행한 모서리의 길이의 합은 몇 cm인지 풀이 과정을 쓰고, 답을 구하세요. (10점)

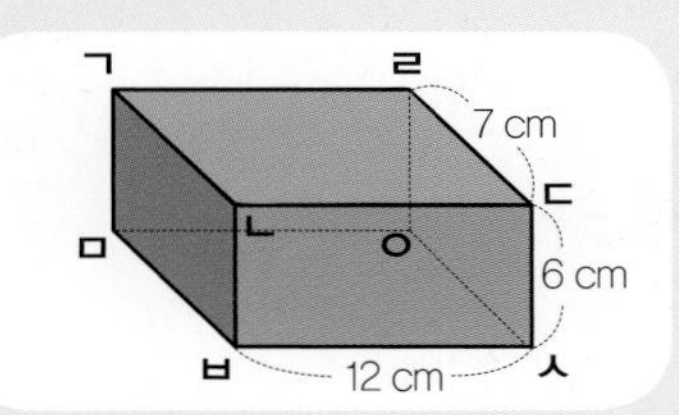

풀이

면 ㄱㄴㄷㄹ과 평행한 모서리는 면 ㄱㄴㄷㄹ과 평행한 면에 있는 □개의 모서리입니다.

면 ㄱㄴㄷㄹ과 평행한 면은 면 □이고 면 □의 네 변의 길이는

□cm, □cm, □cm, □cm입니다.

따라서 면 ㄱㄴㄷㄹ과 평행한 모서리의 길이의 합은

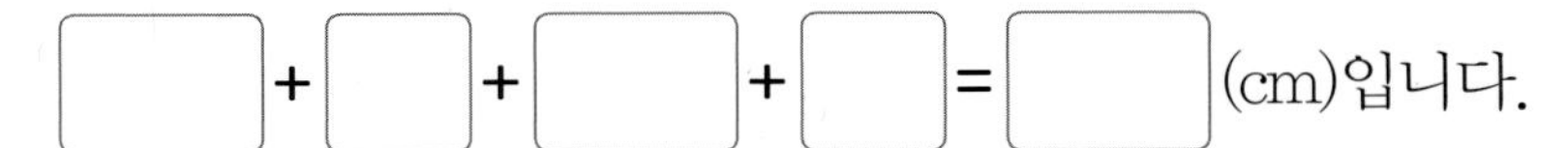
□+□+□+□=□(cm)입니다.

답 ____________________

2. 직육면체의 겨냥도에서 면 ㄱㅁㅇㄹ과 평행한 모서리의 길이의 합은 몇 cm인지 풀이 과정을 쓰고, 답을 구하세요. (15점)

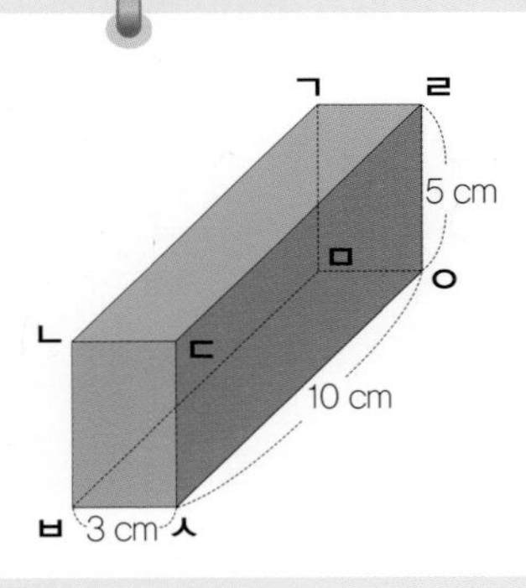

풀이

____

____

____

답 ____________________

핵심유형 3

정육면체의 전개도

STEP 1 대표 문제 맛보기

다음은 정육면체의 전개도입니다. 전개도의 둘레는 몇 cm인지 풀이 과정을 쓰고, 답을 구하세요. (8점)

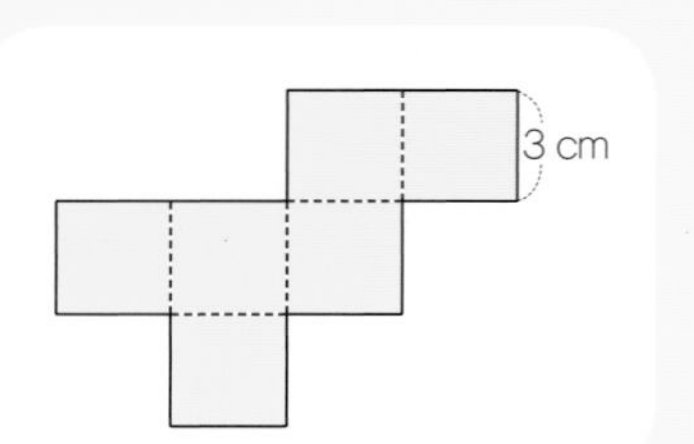

1단계 알고 있는 것 (1점) 정사각형 한 개의 한 변의 길이가 ☐cm인 정육면체의 ☐

2단계 구하려는 것 (1점) 전개도의 ☐는 몇 cm인지 구하려고 합니다.

3단계 문제 해결 방법 (2점) 전개도의 둘레에 길이가 ☐cm인 선분이 몇 개 있는지 세어 답합니다.

4단계 문제 풀이 과정 (3점) 정육면체는 합동인 정사각형 ☐개로 둘러싸인 도형으로 전개도에 그려진 ☐개의 정사각형도 모두 합동입니다. 전개도의 둘레에는 길이가 3 cm인 선분이 ☐개 있으므로
3 × ☐ = ☐(cm)입니다.

5단계 구하려는 답 (1점) 따라서 전개도의 둘레는 ☐cm입니다.

STEP 2 따라 풀어보기

민지가 만든 정육면체 모양의 상자를 가위로 잘라 만든 전개도입니다. 정육면체의 전개도의 둘레는 몇 cm인지 풀이 과정을 쓰고, 답을 구하세요. (9점)

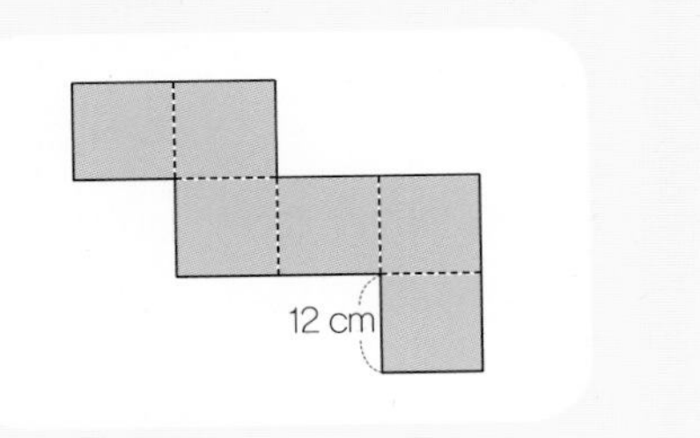

1단계 알고 있는 것 (1점) 정사각형 한 개의 한 변의 길이가 ☐ cm인 정육면체의 ☐

2단계 구하려는 것 (1점) 정육면체의 전개도의 ☐ 가 몇 cm인지 구하려고 합니다.

3단계 문제 해결 방법 (2점) 전개도의 둘레에 길이가 ☐ cm인 선분이 몇 개 있는지 세어 답합니다.

4단계 문제 풀이 과정 (3점) 정육면체는 합동인 정사각형 ☐ 개로 둘러싸인 도형으로 전개도에 그려진 ☐ 개의 정사각형도 모두 합동입니다.

전개도의 둘레에는 길이가 12 cm인 선분이 ☐ 개 있으므로

12 × ☐ = ☐ (cm)입니다.

5단계 구하려는 답 (2점)

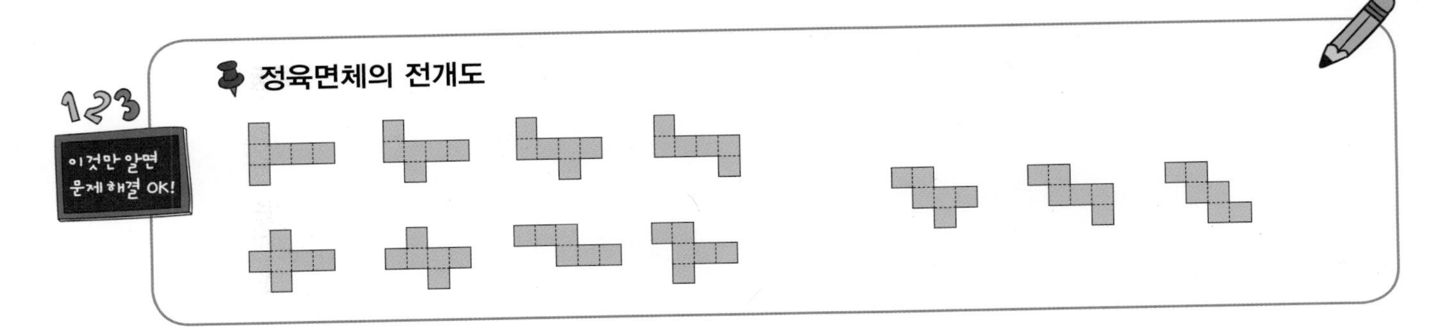

STEP 3 스스로 풀어보기

1. 다음은 정육면체 모양 주사위의 전개도입니다. 전개도를 접었을 때 마주보는 면의 눈의 수의 합이 7일 때, 면 ㉠, 면 ㉡, 면 ㉢에 알맞은 주사위의 눈의 수를 구하려고 합니다. 풀이 과정을 쓰고, 답을 구하세요. (10점)

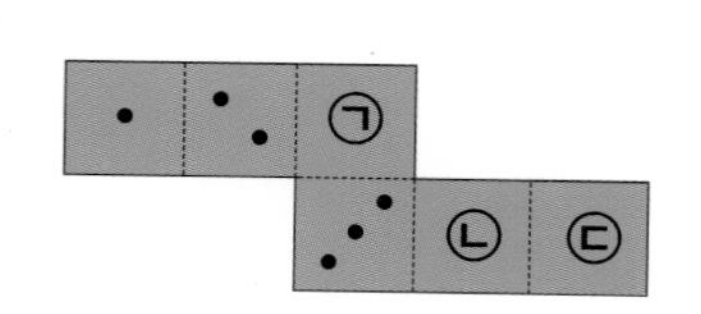

전개도를 접었을 때 마주보는 면의 눈의 수의 합이 ☐ 입니다.

면 ㉠과 평행한 면의 눈의 수는 ☐ 이므로 면 ㉠의 눈의 수는 ☐,

면 ㉡과 평행한 면의 눈의 수는 ☐ 이므로 면 ㉡의 눈의 수는 ☐,

면 ㉢과 평행한 면의 눈의 수는 ☐ 이므로 면 ㉢의 눈의 수는 ☐ 입니다.

따라서 면 ㉠의 눈의 수는 ☐, 면 ㉡의 눈의 수는 ☐, 면 ㉢의 눈의 수는 ☐ 입니다.

답 면 ㉠ : 면 ㉡ : 면 ㉢ :

2. 다음은 정육면체 모양 주사위의 전개도입니다. 전개도를 접었을 때 마주보는 면의 눈의 수의 합이 7일 때, 면 ㉠, 면 ㉡, 면 ㉢에 알맞은 주사위의 눈의 수를 구하려고 합니다. 풀이 과정을 쓰고, 답을 구하세요. (15점)

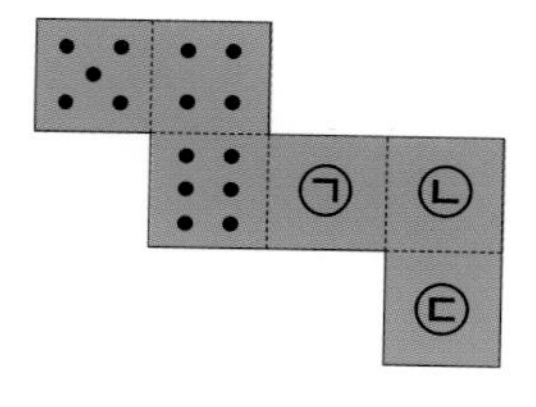

풀이

답 면 ㉠ : 면 ㉡ : 면 ㉢ :

직육면체의 전개도

정답 및 풀이 > 20쪽

직육면체의 전개도에서 선분 ㄱㄴ와 선분 ㅎㅍ의 길이의 합은 몇 cm인지 풀이 과정을 쓰고, 답을 구하세요. (8점)

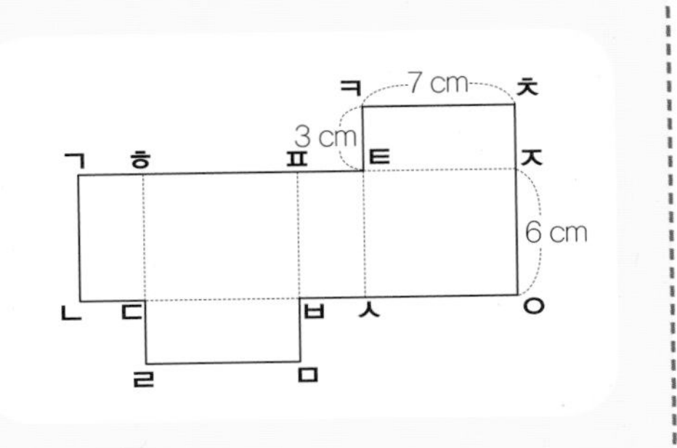

1단계 알고 있는 것 (1점)

각 부분의 길이가 주어진 직육면체의 [   ]를 알고 있습니다.

2단계 구하려는 것 (1점)

직육면체의 전개도에서 선분 [   ]과 선분 [   ]의 길이의 [   ]은 몇 cm인지 구하려고 합니다.

3단계 문제 해결 방법 (2점)

직육면체의 전개도를 접었을 때 겹치는 모서리는 길이가 (같습니다 , 다릅니다).

4단계 문제 풀이 과정 (3점)

직육면체의 전개도를 접었을 때 겹치는 모서리는 길이가 같으므로

(선분 ㄱㄴ의 길이) = (선분 [   ]의 길이) = [   ] cm이고,

(선분 ㅎㅍ의 길이) = (선분 [   ]의 길이) = [   ] cm입니다.

(선분 ㄱㄴ의 길이) + (선분 ㅎㅍ의 길이)

= [   ] + [   ] = [   ] (cm)입니다.

5단계 구하려는 답 (1점)

따라서 선분 ㄱㄴ과 선분 ㅎㅍ의 길이의 합은 [   ] cm입니다.

STEP 2 따라 풀어보기

다음 직육면체의 전개도를 접었을 때 면 ㄱㄴㄷㅎ과 평행한 면의 둘레는 몇 cm인지 풀이 과정을 쓰고, 답을 구하세요. (9점)

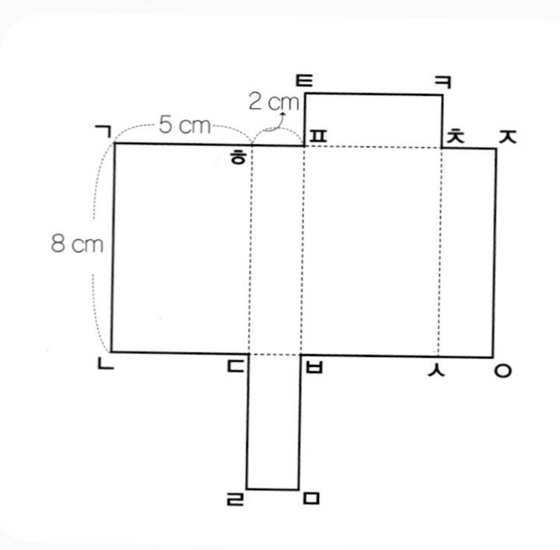

1단계 알고 있는 것 (1점) 각 부분의 길이가 주어진 직육면체의 [　　] 를 알고 있습니다.

2단계 구하려는 것 (1점) 직육면체의 전개도를 접었을 때 면 [　　] 과 평행한 면의 둘레는 몇 cm인지 구하려고 합니다.

3단계 문제 해결 방법 (2점) 직육면체의 전개도를 접었을 때 한 면과 평행한 면은 (만나는, 마주보는) 면입니다.

4단계 문제 풀이 과정 (3점) 전개도를 접었을 때 면 ㄱㄴㄷㅎ과 평행한 면은 마주보는 면으로 면 [　　] 입니다.

면 ㅊㅅㅂㅍ에서 (변 ㅊㅅ) = (변 ㅍㅂ) = [　　] cm,

(변 ㅅㅂ) = (변 ㅍㅊ) = [　　] cm이므로

면 ㅊㅅㅂㅍ의 둘레는 8 + [　　] + 8 + [　　] = [　　] (cm)입니다.

5단계 구하려는 답 (2점)

STEP 3 스스로 풀어보기

1. 직육면체 전개도를 접었을 때 색칠한 면과 수직인 면을 모두 골라 쓰려고 합니다. 풀이 과정을 쓰고, 답을 구하세요. (10점)

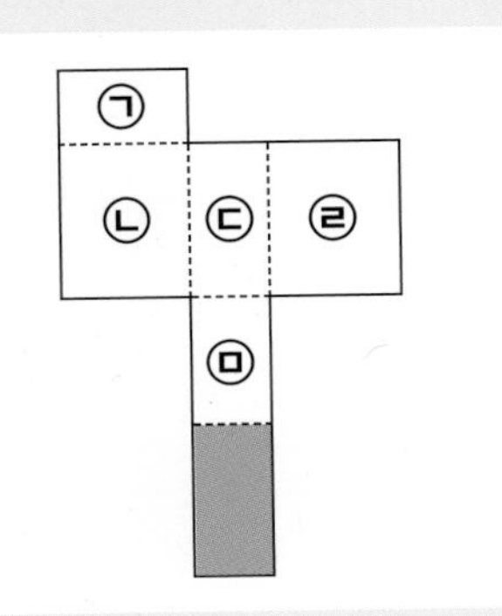

풀이

전개도를 접었을 때 색칠한 면과 ☐인 면은 색칠한 면과 만나는 면으로 ☐한 면을 제외한 나머지 면입니다. 색칠한 면과 평행한 면은 면 ☐이므로 색칠한 면과 수직인 면은 면 ☐, 면 ☐, 면 ☐, 면 ☐입니다.

답

2. 직육면체 전개도를 접었을 때 색칠한 면과 수직인 면을 모두 골라 쓰려고 합니다. 풀이 과정을 쓰고, 답을 구하세요. (15점)

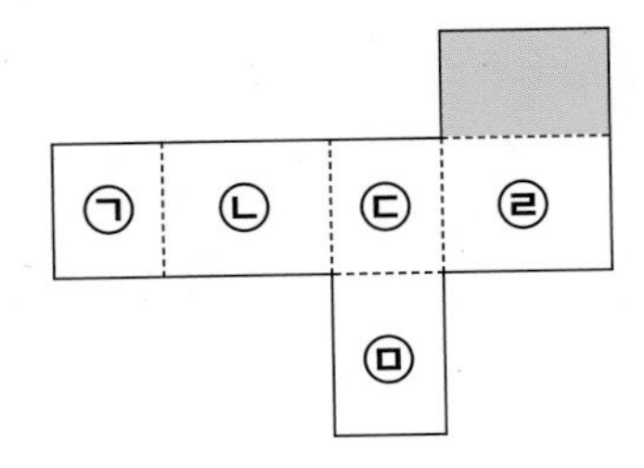

풀이

답

스스로 문제를 풀어보며 실력을 높여보세요.

1

직육면체의 겨냥도에서 보이지 않는 면의 수를 ㉠개, 보이는 모서리의 수를 ㉡개, 보이는 꼭짓점의 수를 ㉢개라 할 때 ㉠×㉡+㉢을 구하려고 합니다. 풀이 과정을 쓰고, 답을 구하세요. (20점)

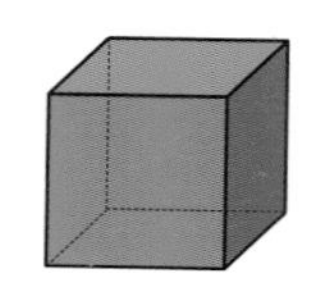

풀이

답

2

유형❶+❸

다음 전개도를 접어서 만들 수 있는 정육면체는 어느 것인지 찾아 기호를 쓰려고 합니다. 풀이 과정을 쓰고, 답을 구하세요. (단, 알파벳 방향은 생각하지 않습니다.) (20점)

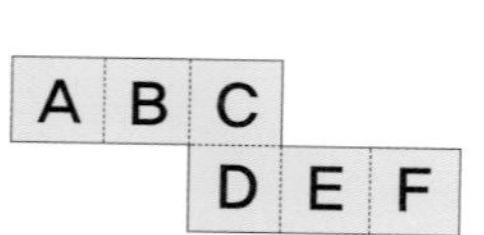

㉮ B E D ㉯ C D E ㉰ A F D

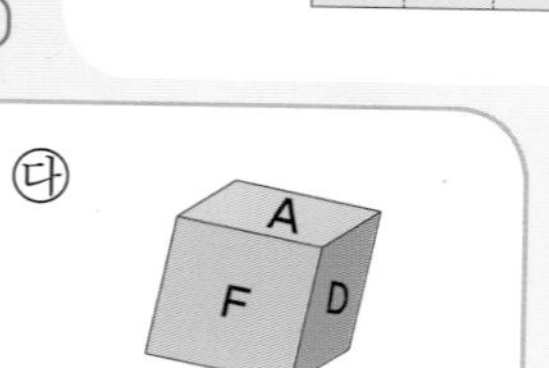

힌트로 해결 끝!

전개도에서 서로 평행한 면을 먼저 찾아요.

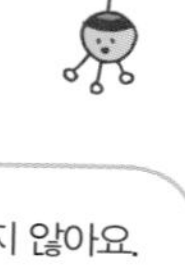

평행한 면은 만나지 않아요.

풀이

답

창의융합

3

나무판자를 잘라 직육면체 모양의 사물함을 만들었습니다. 다음은 사물함을 위에서 본 모양과 옆에서 본 모양입니다. 사물함의 모든 모서리의 길이의 합은 몇 cm인지 풀이 과정을 쓰고, 답을 구하세요. (20점)

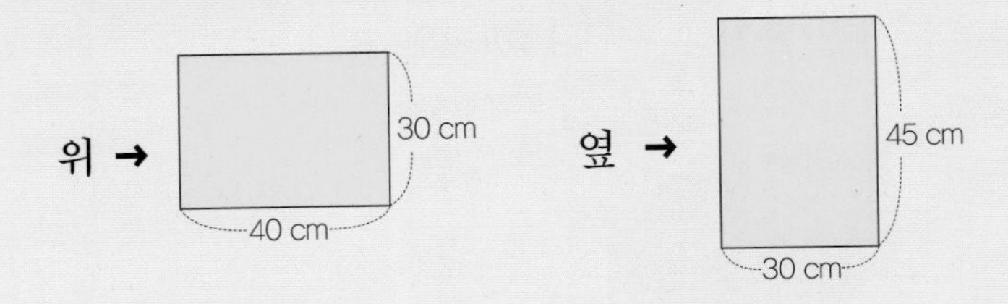

풀이

답

생활수학

4

직육면체 모양의 상자를 끈으로 묶었습니다. 상자를 묶는 데 사용한 끈의 길이는 몇 cm인지 풀이 과정을 쓰고, 답을 구하세요. (단, 리본을 만드는 데 사용한 끈의 길이는 20 cm입니다.) (20점)

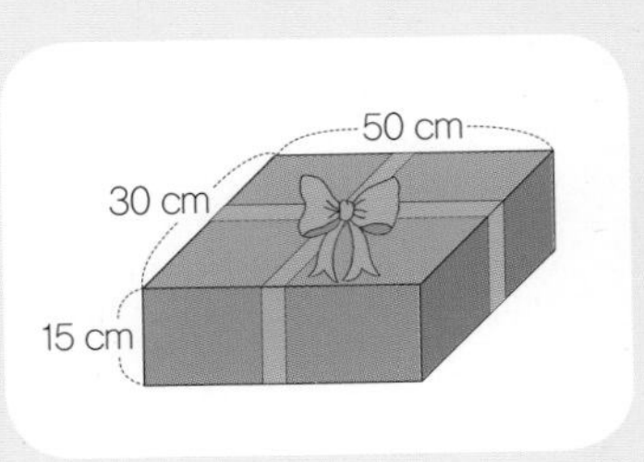

힌트로 해결 끝!

같은 길이의 끈을 사용한 곳이 몇 군데인지 찾아요.

리본의 길이도 더해요.

풀이

답

거꾸로 풀며 나만의 문제를 완성해 보세요.

정답 및 풀이 > 21쪽

다음은 주어진 그림과 낱말, 조건을 활용해서 만든 문제를 보고 풀이 과정과 답을 구한 것입니다. 어떤 문제였을까요? 거꾸로 문제 만들기, 도전해 볼까요? (15점)

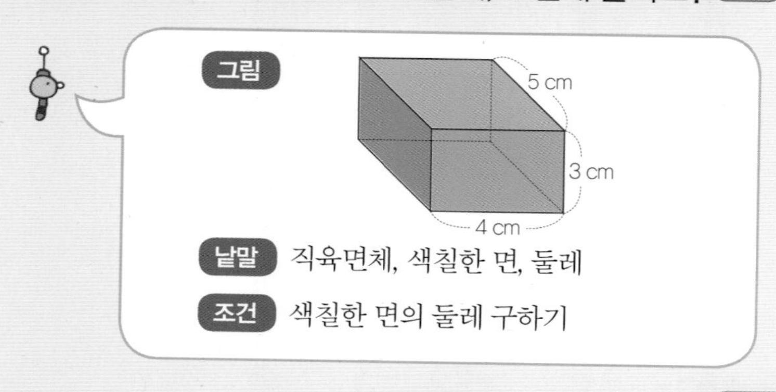

☆ 힌트 ☆
색칠한 면은 직사각형!

문제

풀이

직육면체에서 색칠한 면은 직사각형이므로 색칠한 면의 둘레는 가로가 5 cm, 세로가 4 cm인 직사각형의 둘레와 같습니다.

따라서 (색칠한 면의 둘레)=(직사각형의 둘레)=(5+4)×2
=9×2
=18 (cm)입니다.

답 18 cm

6. 평균과 가능성

유형1 평균, 평균 구하기

유형2 평균 이용하기

유형3 일이 일어날 가능성을 말로 표현하기

유형4 일이 일어날 가능성을 수로 표현하기

평균, 평균 구하기

STEP 1 대표 문제 맛보기

민수네 학교의 지난 주 결석생 수를 나타낸 표입니다. 요일별 결석한 사람의 수의 평균을 구하려고 합니다. 풀이 과정을 쓰고, 답을 구하세요. (8점)

요일별 결석생 수

요일	월	화	수	목	금
결석생 수(명)	3	5	6	4	7

1단계 알고 있는 것 (1점) 요일별 ☐ 수

2단계 구하려는 것 (1점) 요일별 결석생 수의 ☐ 을 구하려고 합니다.

3단계 문제 해결 방법 (2점) (☐) = (자료의 값을 모두 더한 수) ÷ (☐ 의 수)로 구합니다.

4단계 문제 풀이 과정 (3점) (☐) = (자료의 값을 모두 더한 수) ÷ (☐ 의 수) 이므로

(요일별 결석생 수의 평균)

= (☐ + 5 + ☐ + 4 + ☐) ÷ ☐ = ☐ (명)입니다.

5단계 구하려는 답 (1점) 따라서 각각의 요일별 결석한 사람의 수의 평균은 ☐ 명입니다.

정답 및 풀이 > 22쪽

STEP 2 따라 풀어보기

도윤이네 모둠의 몸무게를 나타낸 표입니다. 도윤이네 모둠에서 몸무게가 평균보다 가벼운 사람은 몇 명인지 풀이 과정을 쓰고, 답을 구하세요. (9점)

도윤이네 모둠의 몸무게

이름	도윤	영서	지웅	서현	진우
몸무게(kg)	39.0	31.5	42.0	37.2	35.3

1단계 알고 있는 것 (1점) 도윤이네 모둠 친구들의 □

2단계 구하려는 것 (1점) 도윤이네 모둠에서 몸무게가 □ 보다 가벼운 사람은 누구인지 구하려고 합니다.

3단계 문제 해결 방법 (2점) 도윤이네 모둠의 몸무게의 □ 을 구한 후 □ 보다 □ 사람을 찾습니다.

4단계 문제 풀이 과정 (3점)

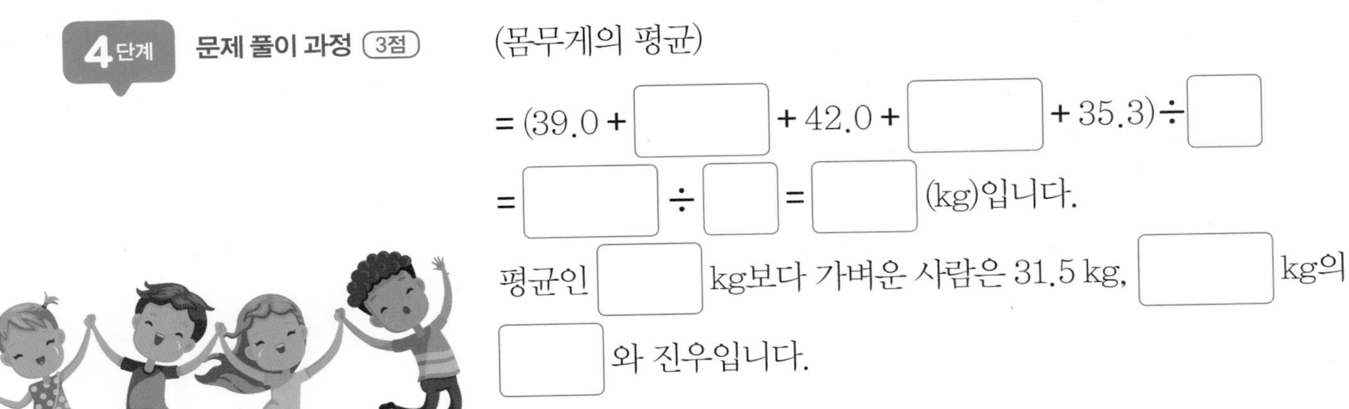

(몸무게의 평균)

= (39.0 + □ + 42.0 + □ + 35.3) ÷ □

= □ ÷ □ = □ (kg)입니다.

평균인 □ kg보다 가벼운 사람은 31.5 kg, □ kg의 □ 와 진우입니다.

5단계 구하려는 답 (2점)

STEP 3 스스로 풀어보기

1. 보라와 지훈이가 같은 종류의 핸드폰 게임을 하였습니다. 보라는 6번의 게임으로 30점을 얻었고, 지훈이는 4번의 게임으로 24점을 얻었습니다. 누가 더 잘한 것인지 풀이 과정을 쓰고, 답을 구하세요. (10점)

풀이

보라와 지훈이가 게임한 횟수가 다르므로 점수의 평균을 구해 한 번의 게임 평균 점수가 더 (높은 , 낮은) 사람을 찾습니다.

(보라의 점수의 평균) = ☐ ÷ ☐ = ☐ (점)이고,

(지훈이의 점수의 평균) = ☐ ÷ ☐ = ☐ (점)입니다.

5 < ☐ 이므로 ☐ (이)가 더 잘한 것입니다.

답 ____________________

2. A 공장에서 5일 동안 생산하는 호미는 420개이고 B 공장에서 2일 동안 생산하는 호미는 120개입니다. 각 공장에서 하루에 생산하는 호미의 개수가 일정하다고 할 때, A 공장과 B 공장에서 3일 동안 생산하는 호미는 모두 몇 개인지 구하려고 합니다. 풀이 과정을 쓰고, 답을 구하세요. (15점)

풀이

답 ____________________

평균 이용하기

정답 및 풀이 > 22쪽

STEP 1 대표 문제 맛보기

성주와 민서의 멀리뛰기 기록을 나타낸 표입니다. 3회에 멀리뛰기를 더 잘한 사람은 누구인지 풀이 과정을 쓰고, 답을 구하세요. (8점)

멀리뛰기 기록

회	1회	2회	3회	4회	평균
성주의 멀리뛰기 기록 (cm)	109	107		109	109
민서의 멀리뛰기 기록 (cm)	108	111		112	112

1단계 알고 있는 것 (1점) 성주와 민서의 ☐ 기록을 나타낸 표

2단계 구하려는 것 (1점) 성주와 민서 중 ☐회에 멀리뛰기를 더 잘한 사람이 누구인지 구하려고 합니다.

3단계 문제 해결 방법 (2점) 성주와 민서 중 멀리뛰기 기록의 ☐을 이용하여 3회의 멀리뛰기 기록을 구합니다.

4단계 문제 풀이 과정 (3점)
(성주의 3회 멀리뛰기 기록) = ☐ × 4 − (109 + ☐ + 109)
= ☐ (cm)
(민서의 3회 멀리뛰기 기록) = ☐ × 4 − (108 + 111 + ☐)
= ☐ (cm)
3회 멀리뛰기 기록을 비교하면 ☐ > ☐ 입니다.

5단계 구하려는 답 (1점) 따라서 ☐회에 멀리뛰기를 더 잘한 사람은 ☐입니다.

STEP 2 따라 풀어보기

다음은 은수가 한 윗몸 일으키기 횟수를 기록한 표입니다. 은수의 윗몸 일으키기 기록의 평균은 24번일 때, 5회에 한 윗몸 일으키기는 몇 번인지 풀이 과정을 쓰고, 답을 구하세요. (9점)

은수의 윗몸 일으키기 기록

회차	1회	2회	3회	4회	5회
횟수(번)	20	31	17	26	

1단계 알고 있는 것 (1점)

은수의 윗몸 일으키기 기록의 평균 : ☐ 번

회차별 은수의 윗몸 일으키기 ☐

2단계 구하려는 것 (1점)

☐ 회에 한 윗몸 일으키기는 몇 번인지 구하려고 합니다.

3단계 문제 해결 방법 (2점)

(자료의 값을 모두 더한 수) = (☐) × (자료의 수)이고,

(모르는 자료의 값) = (자료의 값을 모두 더한 수) − (알고 있는 자료의 값의 ☐)으로 구합니다.

4단계 문제 풀이 과정 (3점)

(은수가 5회 동안 한 윗몸 일으키기의 횟수)

= ☐ × 5 = 120(번)이고,

(은수가 5회에 한 윗몸 일으키기의 횟수)

= 120 − (20 + ☐ + 17 + ☐)

= ☐ (번)입니다.

5단계 구하려는 답 (2점)

정답 및 풀이 > 23쪽

STEP 3 스스로 풀어보기

유형❷

1. 소민이의 50 m 달리기 기록의 평균이 11.5초일 때 3회의 달리기 기록은 몇 초인지 풀이 과정을 쓰고, 답을 구하세요. (10점)

소민이의 50 m 달리기 기록

회	1회	2회	3회	4회	5회
기록(초)	9.5	10.5		12.5	11.5

풀이

소민이의 50 m 달리기 기록의 평균이 ☐초이므로 5회 기록의 총합은

☐ × ☐ = ☐(초)입니다. 따라서 3회의 기록은

☐ − (☐ + 10.5 + ☐ + 11.5) = ☐(초)입니다.

답 ______

2. 승우의 중간고사 점수를 나타낸 표입니다. 평균이 89점이라면 수학 점수는 몇 점인지 풀이 과정을 쓰고, 답을 구하세요. (15점)

승우의 중간고사 점수

과목	국어	수학	사회	과학
점수(점)	92		84	90

풀이

답 ______

일이 일어날 가능성을 말로 표현하기

STEP 1 대표 문제 맛보기

일이 일어날 가능성이 '확실하다'인 경우를 말한 사람을 구하려고 합니다. 풀이 과정을 쓰고, 답을 구하세요. (8점)

나현 흰색 공만 3개가 들어 있는 주머니에서 꺼낸 공은 검은색일 것입니다.

의성 동전 한 개를 던지면 그림면이 나올 것입니다.

하진 1월 1일의 일주일 뒤는 1월 8일일 것입니다.

1단계 알고 있는 것 (1점) ☐, 의성, ☐이가 말한 것을 알고 있습니다.

2단계 구하려는 것 (1점) 일이 일어날 ☐이 '(불가능하다 , 반반이다 , 확실하다)'인 경우를 말한 사람을 구하려고 합니다.

3단계 문제 해결 방법 (2점) 어떠한 상황에서 특정한 일이 일어나길 기대할 수 있는 정도가 '(불가능하다 , 반반이다 , 확실하다)'인 경우를 찾습니다.

4단계 문제 풀이 과정 (3점) 공의 색은 모두 ☐이므로 꺼낸 공이 검은색일 가능성은 '☐'입니다. 동전에는 ☐ 면과 숫자 면이 있으므로 동전 한 개를 던졌을 때 그림 면이 나올 가능성은 '☐' 입니다. 일주일은 7일이므로 1월 1일의 일주일 뒤가 1월 8일일 가능성은 '☐'입니다.

5단계 구하려는 답 (1점) 따라서 일이 일어날 가능성이 '확실하다'인 경우를 말한 사람은 ☐ 입니다.

STEP 2 따라 풀어보기

일이 일어날 가능성을 바르게 이야기한 사람은 누구인지 풀이 과정을 쓰고, 답을 구하세요. (9점)

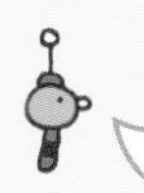

연지 한 명의 아이가 태어날 때 여자 아이일 가능성은 '확실하다'입니다.
선우 내일 아침에 해가 동쪽에서 뜰 가능성은 '반반이다'입니다.
의정 내년 12월 달력에는 날짜가 32일까지 있을 가능성은 '불가능하다'입니다.

1단계 알고 있는 것 (1점)

[ ], [ ], 의정이가 일이 일어날 가능성을 이야기 한 것을 알고 있습니다.

2단계 구하려는 것 (1점)

일이 일어날 가능성을 [ ] 이야기한 사람은 누구인지 구하려고 합니다.

3단계 문제 해결 방법 (2점)

어떠한 상황에서 특정한 일이 일어나길 기대할 수 있는 정도를 [ ] 이라 하고 '불가능하다, ~가 아닐 것 같다, [ ], ~일 것 같다, 확실하다' 등으로 표현합니다.

4단계 문제 풀이 과정 (3점)

태어나는 아이는 남자이거나 여자이므로 한 명의 아이가 태어날 때 여자 아이일 가능성은 '[ ]'입니다. 해는 항상 동쪽에서 뜨므로 내일 아침에 해가 동쪽에서 뜰 가능성은 '[ ]'입니다. 12월은 31일까지 있으므로 내년 12월 달력에는 날짜가 32일까지 있을 가능성은 '[ ]'입니다.

5단계 구하려는 답 (2점)

정답 및 풀이 > 23쪽

STEP 3 스스로 풀어보기

유형❸

1. 2에서 19까지의 수가 적힌 수 카드가 한 장씩 있습니다. 이 중에서 한 장을 뽑을 때, 2의 배수가 나올 가능성을 말로 표현하려고 합니다. 풀이 과정을 쓰고, 답을 구하세요. (10점)

풀이

2에서 19까지의 수가 각각 적힌 수 카드가 한 장씩 있으므로 수 카드는 모두 □장입니다. 이 중에서 2의 배수는 □, □, □, □, □, □, □, □, □로 □장입니다.

따라서 수 카드 중에서 한 장을 뽑았을 때 2의 배수가 나올 가능성을 말로 표현하면 '(불가능하다 , 반반이다 , 확실하다)'입니다.

답

2. 1부터 30까지 쓰여 있는 구슬이 한 개씩 들어 있는 상자에서 구슬 한 개를 뽑았을 때, 짝수이면 당첨입니다. 이 상자에서 한 개의 구슬을 뽑았을 때 당첨 구슬이 아닐 가능성을 말로 표현하려고 합니다. 풀이 과정을 쓰고, 답을 구하세요. (15점)

풀이

답

일이 일어날 가능성을 수로 표현하기

정답 및 풀이 > 24쪽

STEP 1 대표 문제 맛보기

일이 일어날 가능성을 수로 표현했을 때 1을 말한 사람은 누구인지 풀이 과정을 쓰고, 답을 구하세요. (8점)

시훈 노란색 구슬 2개와 빨간색 구슬 2개가 있는 주머니에서 구슬 한 개를 꺼낼 때 노란색 구슬을 꺼낼 가능성

세민 파란색 구슬만 3개가 들어 있는 상자에서 파란색 구슬을 꺼낼 가능성

슬기 1, 2, 3, 4가 쓰여 있는 구슬이 들어 있는 주머니에서 0이 쓰여 있는 구슬을 꺼낼 가능성

1단계 알고 있는 것 (1점)
☐, ☐, ☐가 말한 일이 일어날 가능성

2단계 구하려는 것 (1점)
일이 일어날 가능성을 ☐로 표현했을 때 ☐을 말한 사람이 누구인지 구하려고 합니다.

3단계 문제 해결 방법 (2점)
일이 일어날 ☐을 수로 나타내면 '확실하다'는 ☐, '반반이다'는 ☐, '불가능하다'는 ☐입니다.

4단계 문제 풀이 과정 (3점)
노란색 구슬 2개와 빨간색 구슬 2개가 있는 주머니에서 구슬 한 개를 꺼낼 때 ☐ 구슬을 꺼낼 가능성은 '☐'이므로 수로 나타내면 ☐입니다. 파란색 구슬만 3개가 들어 있는 상자에서 ☐ 구슬을 꺼낼 가능성은 '☐'이므로 수로 나타내면 ☐입니다. 1, 2, 3, 4가 쓰여 있는 구슬이 들어 있는 주머니에서 ☐이 쓰여 있는 구슬을 꺼낼 가능성은 '☐'이므로 수로 나타내면 ☐입니다.

5단계 구하려는 답 (1점)
따라서 일이 일어날 가능성을 수로 표현했을 때 1을 말한 사람은 ☐입니다.

주윤이네 모둠 8명 중 4명이 안경을 썼습니다. 주윤이네 모둠에서 청소 당번 한 명을 정할 때 청소 당번이 안경을 쓰지 않은 사람일 가능성을 수로 표현하려고 합니다. 풀이 과정을 쓰고, 답을 구하세요. (9점)

1단계 알고 있는 것 (1점)

주윤이네 모둠 : ☐명

주윤이네 모둠 중 안경을 쓴 사람 수 : ☐명

2단계 구하려는 것 (1점)

주윤이네 모둠에서 청소 당번을 정할 때 청소 당번이 안경을 (쓴 , 쓰지 않은) 사람일 ☐을 수로 표현하려고 합니다.

3단계 문제 해결 방법 (2점)

안경을 (쓴 , 쓰지 않은) 사람의 수는 몇 명인지 구합니다.

4단계 문제 풀이 과정 (3점)

주윤이네 모둠 학생 중 안경을 쓰지 않은 학생 수는 ☐명으로 전체 ☐명의 반입니다. 따라서 청소 당번이 안경을 쓰지 않은 사람일 가능성은 말로 표현하면 '☐'이고 수로 표현하면 (0 , $\frac{1}{2}$, 1)입니다.

5단계 구하려는 답 (2점)

---

123 이것만 알면 문제해결 OK!

일이 일어날 가능성을 수로 표현하기

불가능하다	반반이다	확실하다
0	$\frac{1}{2}$	1

STEP 3 스스로 풀어보기

1. 지갑 속에 1000원짜리 지폐 3장과 10000원짜리 지폐 3장이 들어 있습니다. 지갑에서 지폐 한 장을 꺼낼 때 꺼낸 지폐가 5000원짜리일 가능성을 수로 표현하려고 합니다. 풀이 과정을 쓰고, 답을 구하세요. (10점)

풀이

1000원짜리 지폐 ☐ 장과 10000원짜리 지폐 ☐ 장이 있는 지갑에서 꺼낸 지폐가 5000원짜리일 가능성은 '☐'입니다.

따라서 꺼낸 지폐가 5000원일 가능성을 수로 표현하면 ☐ 입니다.

답 ____________

2. 1에서 6까지의 눈이 있는 주사위를 한 번 굴릴 때 주사위의 눈의 수가 7 이상일 가능성을 수로 표현하려고 합니다. 풀이 과정을 쓰고, 답을 구하세요. (15점)

풀이

답 ____________

스스로 문제를 풀어보며 실력을 높여보세요.

1

배드민턴 동아리 회원의 나이를 나타낸 표입니다. 회원 한 명이 더 들어와서 회원 나이의 평균이 22살이 되었다면 새로 들어온 회원은 몇 살인지 풀이 과정을 쓰고, 답을 구하세요. (20점)

배드민턴 동아리 회원의 나이

이름	효주	찬민	수영	민기
나이(살)	25	19	17	23

답

2

주머니에 1부터 12까지의 수가 쓰인 카드가 한 장씩 들어 있습니다. 이 주머니에서 카드 한 장을 꺼낼 때 카드의 수가 12의 약수일 가능성을 말과 수로 표현하려고 합니다. 풀이 과정을 쓰고, 답을 구하세요. (20점)

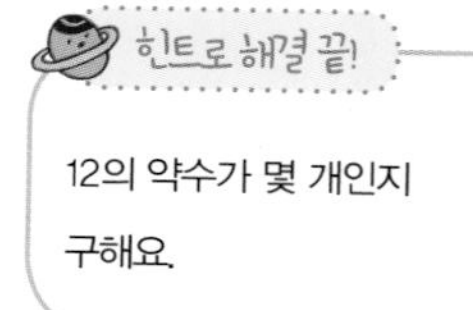

답

3

생활수학

회차별 유진이의 수학 점수를 나타낸 표입니다. 6회까지의 평균 점수가 5회까지의 평균 점수보다 1점 높다면 6회에서 유진이가 받은 점수는 몇 점인지 풀이 과정을 쓰고, 답을 구하세요. (20점)

유진이의 수학 단원 평가 점수

회차(회)	1	2	3	4	5	6
점수(점)	93	89	94	91	88	

힌트로 해결 끝!

5회까지의 평균 점수 구하기

6회까지의 평균 점수를 구한 후, 점수의 총합 구하기

총합에서 알고 있는 자료 값의 합 빼기

풀이

답

4

생활수학

30일 동안 햄버거 가게에서 판매한 햄버거 개수의 평균은 80개입니다. 이 중에서 18일 동안 판매한 햄버거 개수의 평균이 62개였다면 나머지 12일 동안 판매한 햄버거 개수의 평균은 몇 개인지 풀이 과정을 쓰고, 답을 구하세요. (20점)

힌트로 해결 끝!

30일 동안 판매한 개수를 구하세요.

18일 동안 판매한 개수를 구하세요.

나머지 12일 동안 판매한 개수를 구하세요.

풀이

답

거꾸로 풀며 나만의 문제를 완성해 보세요.

정답 및 풀이 > 25쪽

다음은 주어진 수와 낱말, 조건을 활용해서 만든 문제를 보고 풀이 과정과 답을 구한 것입니다. 어떤 문제였을까요? 거꾸로 문제 만들기, 도전해 볼까요? (15점)

수 45, 36, 47, 33, 44

낱말 운동한 시간, 평균

조건 평균 문제 만들기, 표 만들기

☆ 힌트 ☆
운동한 시간의 평균을 구하는 질문을 만들어요.

문제

풀이

주연이가 월요일부터 금요일까지 5일 동안 운동한 시간의 평균은

(45+36+47+33+44)÷5

=205÷5

=41(분)입니다.

답 41분

교과연계 초등 1학년

1권	(1-1) 1학년 1학기 과정	2권	(1-2) 1학년 2학기 과정
1	9까지의 수	1	100까지의 수
2	여러 가지 모양	2	덧셈과 뺄셈(1)
		3	여러 가지 모양
3	덧셈과 뺄셈	4	덧셈과 뺄셈(2)
4	비교하기	5	시계 보기와 규칙 찾기
5	50까지의 수	6	덧셈과 뺄셈(3)

교과연계 초등 2학년

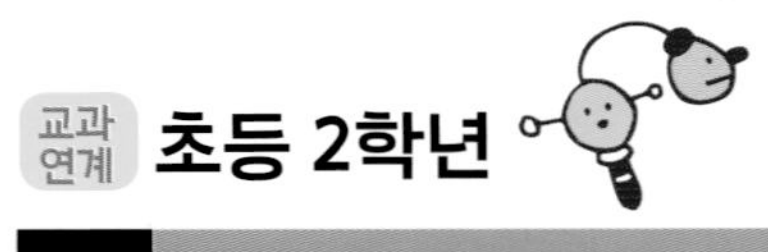

3권	(2-1) 2학년 1학기 과정	4권	(2-2) 2학년 2학기 과정
1	세 자리 수	1	네 자리 수
2	여러 가지 도형	2	곱셈구구
3	덧셈과 뺄셈	3	길이 재기
4	길이 재기	4	시각과 시간
5	분류하기	5	표와 그래프
6	곱셈	6	규칙 찾기

교과연계 초등 3학년

5권	(3-1) 3학년 1학기 과정	6권	(3-2) 3학년 2학기 과정
1	덧셈과 뺄셈	1	곱셈
2	평면도형	2	나눗셈
3	나눗셈	3	원
4	곱셈	4	분수
5	길이와 시간	5	들이와 무게
6	분수와 소수	6	자료의 정리

초등 수학

한 권으로 서술형 끝

정답

10

초등수학

5-2과정

초등수학

한 권으로 서술형 끝

정답

10

초등수학 5-2 과정

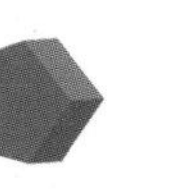

넥서스에듀

이상, 이하

STEP 1 P. 12

1단계 키

2단계 138, 이상

3단계 큰

4단계 138, 채원 / 140, 서현 / 139, 채원 / 서현

5단계 4

STEP 2 P. 13

1단계 봉사활동

2단계 적은

3단계 24

4단계 24, 시훈 / 18, 규은 / 시훈, 규은

5단계 따라서 봉사활동 시간이 진이와 같거나 적은 학생은 3명입니다.

STEP 3 P. 14

1

풀이 27, 28, 29, 30, 31, 32, 33 / 27, 29, 31 / 33, 210

답 210

오답 제로를 위한 채점 기준표

	세부 내용	점수
풀이 과정	① 27과 같거나 크고 33과 같거나 작은 자연수를 바르게 찾은 경우	5
	② 찾은 자연수들의 합을 바르게 구한 경우	4
답	210이라고 쓴 경우	1
총점		10

2

풀이 13 이상 18 이하인 자연수는 13과 같거나 크고 18과 같거나 작은 수이므로 13, 14, 15, 16, 17, 18입니다. 따라서 13 이상 18 이하인 자연수들의 합은 13+14+15+16+17+18=93입니다.

답 93

오답 제로를 위한 채점 기준표

	세부 내용	점수
풀이 과정	① 13 이상 18 이하인 수를 바르게 찾은 경우	7
	② 13 이상 18 이하인 수들의 합을 바르게 구한 경우	6
답	93이라고 쓴 경우	2
총점		15

초과, 미만

STEP 1 P. 15

1단계 5

2단계 요금

3단계 5

4단계 3, 5, 5 / 가벼운, 3, 4000

5단계 4000

STEP 2 P. 16

1단계 서울, 부산, 9

2단계 9, 21

3단계 21, 낮은

4단계 19, 20 / 20.4

5단계 따라서 9월 평균 기온이 21℃ 미만인 도시는 모두 3곳입니다.

STEP 3 P. 17

1

풀이 30, 48 / 31, 32, 46, 47 / 47, 31 / 47, 31, 16

답 16

오답 제로를 위한 **채점 기준표**

	세부 내용	점수
풀이 과정	① 30 초과 48 미만인 자연수 중에서 가장 큰 수를 47이라고 한 경우	3
	② 30 초과 48 미만인 자연수 중에서 가장 작은 수를 31이라고 한 경우	3
	③ 47−31=16이라고 한 경우	3
답	16이라고 쓴 경우	1
총점		10

2

풀이 50초과 80미만인 자연수는 50보다 크고 80보다 작은 자연수로 51, 52, ⋯, 78, 79(51부터 79까지의 자연수)이고 이 중에서 가장 큰 수는 79, 가장 작은 수는 51입니다. 따라서 가장 큰 수와 가장 작은 수의 차는 79-51=28입니다.

답 28

오답 제로를 위한 **채점 기준표**

	세부 내용	점수
풀이 과정	① 50 초과 80 미만인 자연수 중에서 가장 큰 수를 79라고 한 경우	5
	② 50 초과 80 미만인 자연수 중에서 가장 작은 수를 51이라고 한 경우	5
	③ 79−51=28이라고 한 경우	3
답	28이라고 쓴 경우	2
총점		15

올림, 버림

STEP 1 P. 18

1단계 276, 10

2단계 한(1), 10

3단계 276, 10

4단계 276, 27, 6 / 4, 올림 / 280

5단계 280

STEP 2 P. 19

1단계 36740, 천

2단계 천, 최대

3단계 천, 버림

4단계 740, 버림, 36000, 36

5단계 따라서 천 원짜리 지폐로 최대 36000원까지 바꿀 수 있습니다.

STEP 3 P. 20

1

풀이 9000 / 5000, 6000, 7000, 6000 / 6606, 6999

답 6606, 6999

오답 제로를 위한 **채점 기준표**

	세부 내용	점수
풀이 과정	① 다음 수들을 버림하여 천의 자리까지 나타낸 수가 바른 경우	5 (각1점)
	② 버림하여 천의 자리까지 나타낸 수를 6606, 6999라고 한 경우	4
답	6606, 6999라고 쓴 경우	1
총점		10

2

풀이 백의 자리 아래의 수를 0으로 보고 버려서 나타내면 3257은 3200, 3368은 3300, 3272는 3200, 3399는 3300, 3103은 3100이 됩니다. 따라서 버림하여 백의 자리까지 나타내면 3200이 되는 수를 구하면 3257과 3272입니다.

답 3257, 3272

오답 제로를 위한 **채점 기준표**

	세부 내용	점수
풀이 과정	① 다음 수들을 버림하여 백의 자리까지 나타낸 수가 바른 경우	6
	② 버림하여 백의 자리까지 나타낸 수를 3257, 3272라고 한 경우	7
답	3257, 3272라고 쓴 경우	2
총점		15

제시된 풀이는 **모범답안**이므로
채점 기준표를 참고하여 채점하세요.

반올림

STEP 1

P. 21

1단계 147.8

2단계 반올림, 일

3단계 반올림, 0, 1, 2, 3, 4 / 5, 6, 7, 8, 9

4단계 147.8, 8 / 올려야, 반올림, 일 / 148

5단계 148

STEP 2

P. 22

1단계 4360

2단계 많을

3단계 반올림, 0, 1, 2, 3, 4 / 5, 6, 7, 8, 9

4단계 4360 / 4355, 4364

5단계 따라서 어린이의 수가 가장 많은 때는 4364명이고 가장 적을 때는 4355명입니다.

STEP 3

P. 23

1

풀이 4, 5 / 5, 6, 7, 8, 9

답 5, 6, 7, 8, 9

오답 제로를 위한 **채점 기준표**

	세부 내용	점수
풀이 과정	① 7350이 일의 자리에서 올려서 나타낸 수라고 말한 경우	4
	② □ 안에 들어갈 수들을 바르게 찾은 경우	5
답	5, 6, 7, 8, 9라고 쓴 경우	1
총점		10

2

풀이 2□19의 천의 자리 숫자는 2이고 2000도 천의 자리 숫자가 2이므로 백의 자리 숫자를 보고 버려서 나타낸 것입니다. 따라서 □ 안에 들어갈 수 있는 숫자는 0, 1, 2, 3, 4입니다.

답 0, 1, 2, 3, 4

오답 제로를 위한 **채점 기준표**

	세부 내용	점수
풀이 과정	① 2000이 백의 자리 숫자에서 반올림했을 때, 버려졌다고 말한 경우	6
	② □ 안에 들어갈 수들을 바르게 찾은 경우	7
답	0, 1, 2, 3, 4라고 쓴 경우	2
총점		15

P. 24

1

풀이 34 이상 46 이하인 수는 34와 같거나 크고 46과 같거나 작은 수이므로 이 안에 포함되는 자연수는 34, 35, 36, 37, 38, 39, 40, 41, 42, 43, 44, 45, 46입니다. 36 초과 49 미만인 수는 36보다 크고 49보다 작은 수이므로 이 안에 포함되는 자연수는 37, 38, 39, 40, 41, 42, 43, 44, 45, 46, 47, 48입니다. 조건을 모두 만족하는 자연수는 37, 38, 39, 40, 41, 42, 43, 44, 45, 46으로 모두 10개입니다.

답 10개

오답 제로를 위한 **채점 기준표**

	세부 내용	점수
풀이 과정	① 34 이상 46 이하인 수들을 바르게 찾은 경우	5
	② 36 초과 49 미만인 수들을 바르게 찾은 경우	5
	③ 두 조건을 모두 만족하는 자연수를 바르게 찾은 경우	5
	④ 두 조건을 모두 만족하는 자연수의 개수가 10개라고 한 경우	3
답	10개라고 쓴 경우	2
총점		20

2

풀이 ㉠ 40000 초과 70000 미만인 수의 만의 자리 숫자는 4, 5, 6이 될 수 있고, 이 중 만의 자리가 6 이상인 수이므로 다섯 자리 수의 만의 자리는 6입니다.

㉡ 천의 자리 숫자는 3 이상 6 미만인 수로 3, 4, 5가 될 수 있고 이 중 4로 나누어떨어지는 수는 4이므로 다섯 자리 수의 천의 자리 숫자는 4입니다.

㉢ 십의 자리 숫자는 가장 작은 숫자인 0입니다.

㉣ 일의 자리 숫자는 백의 자리 숫자보다 1 작으면서 가장 큰 다섯 자리 수는 64908입니다.

답 64908

오답 제로를 위한 **채점 기준표**

	세부 내용	점수
풀이 과정	① ㉠에서 만의 자리 수를 6이라고 한 경우	4
	② ㉡에서 천의 자리 수를 4라고 한 경우	4
	③ ㉢에서 십의 자리 수를 0이라고 한 경우	4
	④ ㉣에서 일의 자리 수를 8이라고 한 경우	4
	⑤ 조건을 모두 만족하는 가장 큰 다섯 자리 수를 64908이라고 한 경우	2
답	64908이라고 쓴 경우	2
총점		20

3

풀이 반올림하여 십의 자리까지 나타내면 650이 되는 자연수는 645부터 654까지의 자연수이고 반올림하여 백의 자리까지 나타내면 600이 되는 자연수는 550부터 649까지의 자연수이므로 어떤 자연수는 공통인 자연수로 645부터 649까지의 자연수입니다. 따라서 어떤 자연수가 될 수 있는 수의 범위를 이상과 미만을 사용하여 나타내면 645 이상 650 미만인 자연수로 나타냅니다.

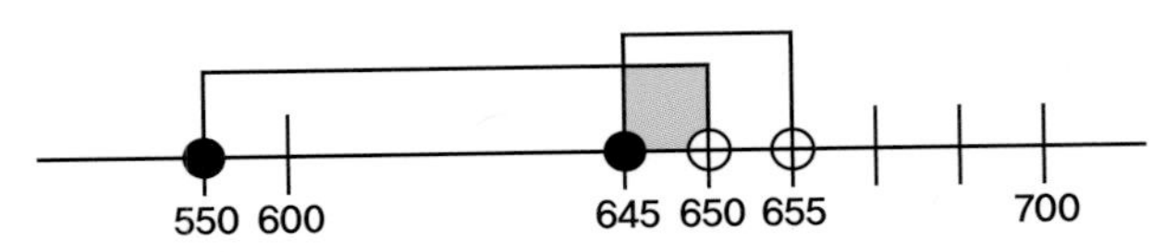

답 645 이상 650 미만인 자연수

오답 제로를 위한 **채점 기준표**

	세부 내용	점수
풀이 과정	① 반올림하여 십의 자리까지 나타낸 수가 650이 되는 자연수의 범위를 바르게 구한 경우	5
	② 반올림하여 백의 자리까지 나타낸 수가 600이 되는 자연수의 범위를 바르게 구한 경우	5
	③ 수직선에 바르게 나타낸 경우	5
	④ 공통인 범위의 수를 바르게 찾아낸 경우	3
답	645 이상 650 미만인 자연수라고 쓴 경우	2
총점		20

4

풀이 (야구 경기를 관람하는 데 걸린 시간)

=(경기가 끝난 시각)-(경기 시작 시각)

=5시 46분-2시

=3시간 46분

=226분

226을 반올림하여 십의 자리까지 나타내면 230이므로 야구 경기를 관람하는 데 약 230분이 걸렸습니다.

답 약 230분

오답 제로를 위한 **채점 기준표**

	세부 내용	점수
풀이 과정	① 경기시간을 바르게 계산한 경우	9
	② 226분을 반올림하여 십의 자리까지 나타낸 수를 230이라고 한 경우	9
답	약 230분이라고 쓴 경우	2
총점		20

P. 26

문제 쿠키 한 상자를 만드는 데 설탕이 100 g이 필요합니다. 설탕 6.37 kg으로 만들 수 있는 쿠키는 최대 몇 상자인지 풀이 과정을 쓰고, 답을 구하세요.

오답 제로를 위한 **채점 기준표**

	세부 내용	점수
문제	① 100 g, 6.37 kg을 표현한 경우	8
	② 쿠키라는 낱말을 표현한 경우	8
	② 버림 문제를 만든 경우	9
총점		25

제시된 풀이는 모범답안이므로 채점 기준표를 참고하여 채점하세요.

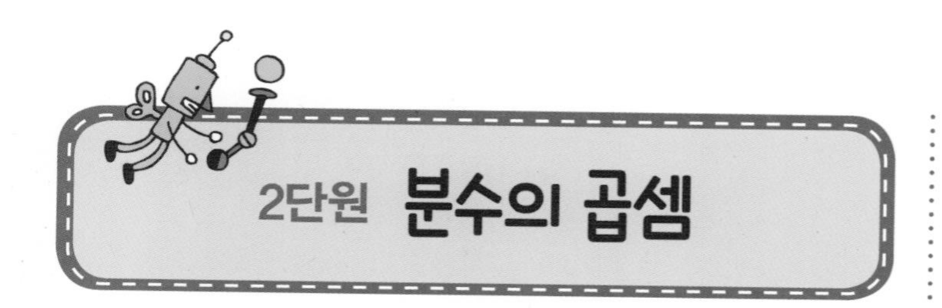

(분수)×(자연수)

STEP 1 P. 28

1단계 $\frac{12}{5}$, 6

2단계 6

3단계 곱합니다

4단계 무게 / $\frac{12}{5}$, $\frac{72}{5}$, $14\frac{2}{5}$

5단계 $14\frac{2}{5}$

STEP 2 P. 29

1단계 $1\frac{3}{5}$, 6

2단계 넓이

3단계 세로

4단계 $1\frac{3}{5}$ / $\frac{48}{5}$, $9\frac{3}{5}$

5단계 따라서 이 직사각형의 넓이는 $9\frac{3}{5}$ m^2입니다.

STEP 3 P. 30

1

풀이 같으므로 / 변, 5 / $2\frac{3}{5}$, 13

답 13 cm

오답 제로를 위한 채점 기준표

	세부 내용	점수
풀이 과정	① 정다각형의 변의 길이가 모두 같다고 말한 경우	3
	② 정다각형의 둘레의 길이를 구하는 식을 바르게 세운 경우	3
	③ 정오각형의 둘레의 길이를 13 cm로 계산한 경우	3
답	13 cm라고 쓴 경우	1
총점		10

2

풀이 정다각형은 변의 길이가 모두 같으므로 (정다각형의 둘레)=(한 변의 길이)×(변의 수)로 구합니다. 정십일각형은 11개 변의 길이가 모두 같으므로 (정십일각형의 둘레)=$3\frac{2}{11}\times11=35$ (cm)입니다.

답 35 cm

오답 제로를 위한 채점 기준표

	세부 내용	점수
풀이 과정	① 정다각형의 변의 길이가 모두 같다고 말한 경우	5
	② 정다각형의 둘레의 길이를 구하는 식을 바르게 세운 경우	3
	③ 정십일각형의 둘레의 길이를 35 cm로 계산한 경우	5
답	35 cm라고 쓴 경우	2
총점		15

(자연수)×(분수)

STEP 1 P. 31

1단계 18, $\frac{2}{3}$

2단계 공책

3단계 $\frac{2}{3}$

4단계 $\frac{2}{3}$ / $\frac{2}{3}$, 18, $\frac{2}{3}$ / 12

5단계 12

STEP 2 P. 32

1단계 10, $1\frac{3}{5}$

2단계 평행사변형

3단계 $1\frac{3}{5}$ / $1\frac{3}{5}$ / 밑변, 높이

4단계 $1\frac{3}{5}$, $1\frac{3}{5}$ / $\frac{8}{5}$, 16 / 16, 160

5단계 따라서 평행사변형의 넓이는 160 cm^2입니다.

STEP 3 ······ P. 33

1

풀이 $\frac{2}{3}$, $\frac{2}{3}$ / $\frac{2}{3}$, 170 / 255, 170, 85

답 $85\,m^2$

오답 제로를 위한 **채점 기준표**

	세부 내용	점수
풀이 과정	① 배추를 심은 밭의 넓이를 $170\,m^2$라고 한 경우	4
	② 당근을 심은 부분의 넓이를 $85\,m^2$라고 한 경우	5
답	$85\,m^2$라고 쓴 경우	1
총점		10

2

풀이 (삼각형의 넓이)=(밑변의 길이)×(높이)÷2이므로 주어진 삼각형 모양 색종이의 넓이는 $9\times12\div2=54\,(cm^2)$입니다. 이 중 $\frac{2}{7}$가 찢어졌으므로 (찢어진 부분의 넓이)$=54\times\frac{2}{7}=15\frac{3}{7}\,(cm^2)$입니다. 따라서 (남은 부분의 넓이)=(삼각형 모양의 색종이의 넓이)-(찢어진 부분의 넓이)$=54-15\frac{3}{7}=38\frac{4}{7}\,(cm^2)$입니다.

답 $38\frac{4}{7}\,cm^2$

오답 제로를 위한 **채점 기준표**

	세부 내용	점수
풀이 과정	① 주어진 삼각형의 넓이를 $54\,(cm^2)$로 계산한 경우	5
	② 찢어진 부분의 넓이를 $15\frac{3}{7}\,(cm^2)$로 계산한 경우	5
	③ 남은 부분의 넓이를 $38\frac{4}{7}\,(cm^2)$로 계산한 경우	3
답	$38\frac{4}{7}\,cm^2$라고 쓴 경우	2
총점		15

진분수의 곱셈

STEP 1 ······ P. 34

1단계 $\frac{1}{5}$, $\frac{1}{2}$

2단계 큰, 가장 / 차

3단계 단위, 큰

4단계 $\frac{1}{15}$, $\frac{1}{15}$, $\frac{1}{2}$ / 2, 15 / 14, 3 / 3, 11

5단계 11

STEP 2 ······ P. 35

1단계 $\frac{2}{9}$, $\frac{3}{4}$

2단계 빨간색

3단계 빨간색, $\frac{2}{9}$ / 파란색, $\frac{2}{9}$

4단계 $\frac{2}{9}$ / $\frac{3}{4}$, $\frac{2}{9}$, $\frac{1}{6}$

5단계 따라서 빨간색 끈의 길이는 $\frac{1}{6}$m입니다.

STEP 3 ······ P. 36

1

풀이 크고, 작은 / 9, 2 / $\frac{2}{9}$, $\frac{1}{36}$

답 $\frac{1}{36}$

오답 제로를 위한 **채점 기준표**

	세부 내용	점수
풀이 과정	① 두 진분수의 곱이 가장 작은 경우가 분모가 가장 크고, 분자가 가장 작은 경우임을 인지한 경우	3
	② 두 진분수의 분모를 8과 9라고 한 경우	2
	③ 두 진분수의 분자를 1과 2라고 한 경우	2
	④ 곱이 가장 작은 두 진분수의 곱을 $\frac{1}{36}$이라고 한 경우	2
답	$\frac{1}{36}$이라고 쓴 경우	1
총점		10

제시된 풀이는 모범답안이므로
채점 기준표를 참고하여 채점하세요.

❷

풀이 두 진분수의 곱이 가장 작은 경우는 분모가 가장 크고 분자가 가장 작은 경우이므로 두 진분수의 분모는 10과 11이고, 분자는 4와 5입니다. 따라서 곱이 가장 작은 두 진분수의 곱은 $\frac{4}{10}\times\frac{5}{11}=\frac{2}{11}$ 입니다.

답 $\frac{2}{11}$

오답 제로를 위한 **채점 기준표**

	세부 내용	점수
풀이 과정	① 두 진분수의 곱이 가장 작은 경우가 분모가 가장 크고, 분자가 가장 작은 경우임을 인지한 경우	4
	② 두 진분수의 분모를 10과 11이라고 한 경우	3
	③ 두 진분수의 분자를 4와 5라고 한 경우	3
	④ 곱이 가장 작은 두 진분수의 곱을 $\frac{2}{11}$라고 한 경우	3
답	$\frac{2}{11}$라고 쓴 경우	2
총점		15

여러 가지 분수의 곱셈

STEP 1 P. 37

1단계 $\frac{7}{15}$, $3\frac{1}{3}$

2단계 ㉠, 합

3단계 약분 / 가분수

4단계 $\frac{7}{15}$, $\frac{7}{36}$ / $\frac{10}{3}$, $\frac{18}{5}$, 12 / $\frac{7}{36}$, $12\frac{7}{36}$

5단계 $12\frac{7}{36}$

STEP 2 P. 38

1단계 $3\frac{3}{5}$

2단계 합

3단계 곱셈식

4단계 $3\frac{3}{5}$ / $3\frac{3}{5}$, 18, 20, 32 / $6\frac{2}{5}$, 6, 2, 5 / 6, 2, 5, 13

5단계 따라서 ㉠, ㉡, ㉢의 합은 13입니다.

STEP 3 P. 39

❶

풀이 $2\frac{1}{3}$ / $9\frac{3}{8}$, $2\frac{1}{3}$ / 75, 7 / $\frac{175}{8}$, $21\frac{7}{8}$

답 $21\frac{7}{8}$ km

오답 제로를 위한 **채점 기준표**

	세부 내용	점수
풀이 과정	① 2시간 20분을 $2\frac{1}{3}$시간으로 계산한 경우	3
	② 2시간 20분 동안 자전거가 갈 수 있는 거리를 구하는 식을 바르게 세운 경우	3
	③ 2시간 20분 동안 자전거가 갈 수 있는 거리를 $21\frac{7}{8}$(km)라고 한 경우	3
답	$21\frac{7}{8}$ km라고 쓴 경우	1
총점		10

❷

풀이 30분 동안 $1\frac{7}{9}$ km를 걷는 사람이 1시간 동안 걷는 거리는 $1\frac{7}{9}+1\frac{7}{9}=3\frac{5}{9}$ (km)이고, 1시간=60분이므로 3시간 10분=$3\frac{10}{60}$ 시간=$3\frac{1}{6}$ 시간입니다. 따라서 같은 빠르기로 (3시간 10분 동안 이 사람이 걷는 거리)=(한 시간 동안 걷는 거리)×(걷는 시간)=$3\frac{5}{9}\times3\frac{1}{6}=\frac{32}{9}\times\frac{19}{6}=\frac{304}{27}=11\frac{7}{27}$ (km)입니다.

답 $11\frac{7}{27}$ km

오답 제로를 위한 **채점 기준표**

	세부 내용	점수
풀이 과정	① 1시간 동안 걷는 거리를 $3\frac{5}{9}$ km라고 한 경우	5
	② 3시간 10분을 $3\frac{1}{6}$시간으로 계산한 경우	5
	③ 3시간 10분 동안 이 사람이 걷는 거리를 $11\frac{7}{27}$ km로 계산한 경우	3
답	$11\frac{7}{27}$ km라고 쓴 경우	2
총점		15

P. 40

1

풀이 ●는 분모가 5보다 크고 8보다 작은 짝수인 단위분수이므로 $\frac{1}{6}$, □의 분자는 ●의 분자보다 3만큼 더 큰 수이므로 1+3=4, 분모는 분자보다 5만큼 더 큰 수이므로 4+5=9 → □=$\frac{4}{9}$

▲=$6\times\frac{1}{2}$=3입니다. □×▲=$\frac{4}{9}\times3=1\frac{1}{3}$, ▲×●=$3\times\frac{1}{6}=\frac{1}{2}$이므로 $1\frac{1}{3}>\frac{1}{2}$이고 $1\frac{1}{3}-\frac{1}{2}=\frac{5}{6}$입니다. 따라서 □×▲의 값과 ▲×●의 값의 차는 $\frac{5}{6}$입니다.

답 $\frac{5}{6}$

오답 제로를 위한 **채점 기준표**

	세부 내용	점수
풀이 과정	① ●를 $\frac{1}{6}$이라고 한 경우	3
	② □를 $\frac{4}{9}$라고 한 경우	3
	③ ▲를 3이라고 한 경우	3
	④ □×▲를 $1\frac{1}{3}$이라고 한 경우	3
	⑤ ▲×●를 $\frac{1}{2}$이라고 한 경우	3
	⑥ □×▲와 ▲×●의 차를 $\frac{5}{6}$라고 한 경우	3
답	$\frac{5}{6}$라고 쓴 경우	2
총점		20

2

풀이 $3\frac{1}{5}\times\left\{1\frac{1}{6}\times20+\left(1\frac{2}{3}+2\frac{1}{4}\right)\right\}-4$

$=3\frac{1}{5}\times\left(1\frac{1}{6}\times20+3\frac{11}{12}\right)-4$

$=3\frac{1}{5}\times\left(23\frac{1}{3}+3\frac{11}{12}\right)-4$

$=3\frac{1}{5}\times27\frac{1}{4}-4$

$=87\frac{1}{5}-4$

$=83\frac{1}{5}$

답 $83\frac{1}{5}$

오답 제로를 위한 **채점 기준표**

	세부 내용	점수
풀이 과정	① 식을 바르게 세웠을 경우	6
	② 식을 계산함에 있어서 오류가 없는 경우	6
	③ 계산 결과 $83\frac{1}{5}$을 구해낸 경우	6
답	$83\frac{1}{5}$이라 쓴 경우	2
총점		20

3

풀이 1kg 100 g=1100 g이므로 한우 800 g 값은 1100 g의 $\frac{8}{11}$이므로 $99000\times\frac{8}{11}$=72000(원)입니다. 삼겹살 600 g의 값은 한우 800 g 값의 $\frac{1}{3}$이므로 $72000\times\frac{1}{3}$=24000(원)입니다. 삼겹살 400 g의 값은 600 g 값의 $\frac{4}{6}=\frac{2}{3}$이므로 삼겹살 400 g의 값은 $24000\times\frac{2}{3}$=16000(원)입니다.

답 16000원

오답 제로를 위한 **채점 기준표**

	세부 내용	점수
풀이 과정	① 한우 800 g의 값을 72000원으로 계산한 경우	6
	② 삼겹살 600 g의 값을 24000원으로 계산한 경우	6
	③ 삼겹살 400 g의 값을 16000원으로 계산한 경우	6
답	16000원이라고 쓴 경우	2
총점		20

4

풀이 (첫 번째 튀어 오른 높이)=$15\times\frac{2}{3}$=10 (m)

(두 번째 튀어 오른 높이)=$10\times\frac{2}{3}=6\frac{2}{3}$ (m)

(세 번째 튀어 오른 높이)=$\frac{20}{3}\times\frac{2}{3}=4\frac{4}{9}$ (m)

이 공이 세 번째 튀어 오를 때까지 움직인 거리는 공이 내려왔다 올라간 거리를 모두 더하여

$15+10\times2+6\frac{2}{3}\times2+4\frac{4}{9}$

$=15+20+13\frac{1}{3}+4\frac{4}{9}=52\frac{7}{9}$ (m)입니다.

제시된 풀이는 모범답안이므로
채점 기준표를 참고하여 채점하세요.

답 $52\frac{7}{9}$m

오답 제로를 위한 채점 기준표

	세부 내용	점수
풀이 과정	① 공이 움직인 거리를 바르게 설명한 경우	7
	② 공이 움직인 거리에 관한 식을 바르게 세운 경우 ex. $15+10\times2+6\frac{2}{3}\times2+4\frac{4}{9}$	7
	③ 공이 움직인 거리를 $52\frac{7}{9}$이라고 한 경우	4
답	$52\frac{7}{9}$m라고 쓴 경우	2
총점		20

P. 42

문제 설탕 한 봉지의 무게는 $2\frac{1}{8}$kg입니다. 설탕 4봉지의 무게는 몇 kg인지 대분수로 구하려고 합니다. 풀이 과정을 쓰고, 답을 구하세요. (단, 기약분수로 나타내세요.)

오답 제로를 위한 채점 기준표

	세부 내용	점수
문제	① 주어진 수를 사용한 경우	5
	② 주어진 낱말을 사용한 경우	5
	③ 대분수와 자연수의 곱을 구하는 문제를 만든 경우	5
총점		15

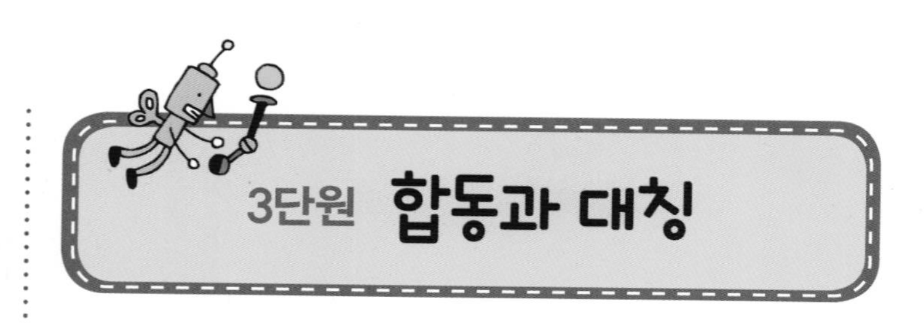

3단원 합동과 대칭

합동인 도형의 성질

STEP 1
P. 44

1단계 합동

2단계 ㅇㅁㅂ, ㅂㅅ

3단계 같고, 같습니다

4단계 ㄹㄱㄴ / ㄹㄱㄴ, 70, 115 / 115, 7

5단계 115, 7

STEP 2
P. 45

1단계 24, 합동

2단계 ㄹㅁㅂ, ㅂㅁ

3단계 같고, 같습니다

4단계 같으므로, 68 / 68, 78 / 같으므로, 8 / 10, 6

5단계 따라서 각 ㄹㅁㅂ의 크기는 78°이고 변 ㅂㅁ의 길이는 6 cm입니다.

STEP 3
P. 46

1

풀이 합동 / 가로, 없습니다 / 밑변, 없습니다, ㉠

답 ㉠

오답 제로를 위한 채점 기준표

	세부 내용	점수
풀이 과정	① ㉠을 합동이라고 한 경우	3
	② ㉡을 합동이 아니라고 한 경우	3
	③ ㉢을 합동이 아니라고 한 경우	3
답	㉠이라고 쓴 경우	1
총점		10

❷

풀이 ㉠ 세 쌍의 대응각의 크기가 같아도 삼각형의 크기가 다를 수 있으므로 항상 합동이라 할 수 없습니다. ㉡ 반지름이 5 cm인 원은 지름이 10 cm이므로 반지름이 5 cm인 원과 지름 10 cm인 원은 항상 합동입니다. ㉢ 정사각형은 모두 모양이 같지만 크기는 다를 수 있으므로 항상 합동이라 할 수 없습니다. 따라서 항상 합동이라 할 수 없는 것은 ㉠, ㉢입니다.

답 ㉠, ㉢

오답 제로를 위한 **채점 기준표**

세부 내용		점수
풀이 과정	① ㉠을 합동이 아니라고 한 경우	5
	② ㉡을 합동이라고 한 경우	3
	③ ㉢을 합동이 아니라고 한 경우	5
답	㉠, ㉢이라고 쓴 경우	2
총점		15

핵심유형 2 선대칭도형과 그 성질

STEP 1 ······ P. 47

1단계 ㄱㄴㄹㅁ, 선대칭

2단계 둘레

3단계 대응변, 대응점

4단계 대응점, 5 / 8, 대응변, 7 / 16, 10, 40

5단계 40

STEP 2 ······ P. 48

1단계 선대칭

2단계 둘레

3단계 대응변

4단계 대응변, 7, 2, 40

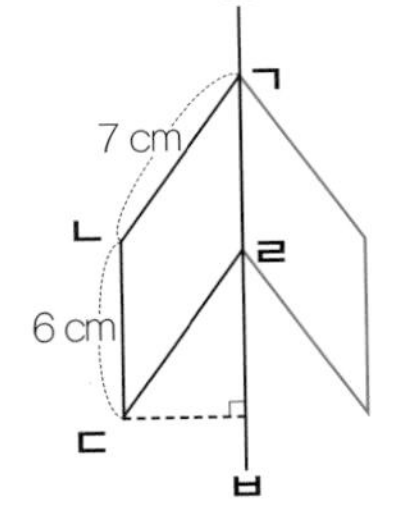

5단계 따라서 선대칭도형의 둘레는 40 cm입니다.

STEP 3 ······ P. 49

❶

풀이 육각형, 육각형 / 4, 4, 720 / 720

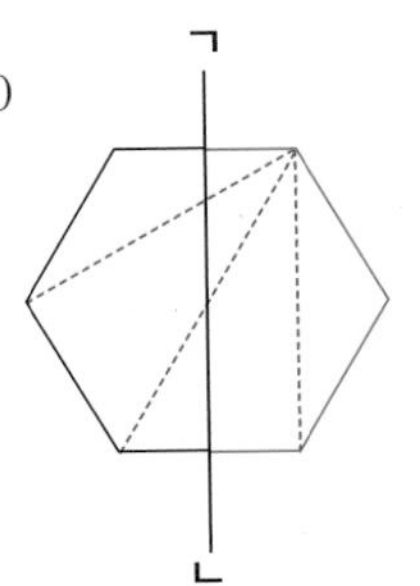

답 720°

오답 제로를 위한 **채점 기준표**

세부 내용		점수
풀이 과정	① 선대칭도형을 육각형으로 표현한 경우	5
	② 육각형의 모든 각의 크기의 합을 라고 720°한 경우	4
답	720°라고 쓴 경우	1
총점		10

❷

풀이 완성한 선대칭도형은 오각형입니다. 오각형의 한 꼭짓점에서 대각선을 그으면 3개의 삼각형으로 나주어지므로 오각형의 모든 각의 크기의 합은 $180° \times 3 = 540°$입니다. 따라서 선대칭도형의 모든 각의 크기의 합은 540° 입니다.

답 540°

오답 제로를 위한 **채점 기준표**

세부 내용		점수
풀이 과정	① 선대칭도형을 오각형으로 표현한 경우	7
	② 오각형의 모든 각의 크기의 합을 540°라고 한 경우	6
답	540°라고 쓴 경우	2
총점		15

핵심유형 3 점대칭도형과 그 성질

STEP 1 ······ P. 50

1단계 점대칭, 24

2단계 ㄱㅇ, ㄹㅇ, 합

제시된 풀이는 모범답안이므로
채점 기준표를 참고하여 채점하세요.

3단계 점대칭, 둘

4단계 24 / 둘, 2 / 24, 2, 12

5단계 12

STEP 2 P. 51

1단계 점대칭

2단계 ㄱㄹ

3단계 점대칭, 같고, 둘

4단계 둘, 3, 6 / 12, 6, 18

5단계 따라서 선분 ㄱㄹ의 길이는 18 cm입니다.

STEP 3 P. 52

1

풀이 8521, 1258 / 8521, 1258, 7263 / 7263

답 7263

오답 제로를 위한 채점 기준표

	세부 내용	점수
풀이 과정	① 점대칭이 되는 수 카드를 1, 2, 5, 8이라고 한 경우	3
	② 가장 큰 수를 8521, 가장 작은 수를 1258이라고 한 경우	3
	③ 8521−1258=7263으로 계산한 경우	3
답	7263이라고 쓴 경우	1
총점		10

2

풀이 점대칭이 되는 수 카드는 0 1 2 5 8입니다. 이 수 카드를 한 번씩 이용하여 만들 수 있는 가장 큰 수는 85210이고, 가장 작은 수는 10258이므로 85210-10258=74952입니다. 따라서 만든 수 중에서 가장 큰 수와 가장 작은 수의 차는 74952입니다.

답 74952

오답 제로를 위한 채점 기준표

	세부 내용	점수
풀이 과정	① 점대칭이 되는 수 카드를 0, 1, 2, 5, 8이라고 한 경우	4
	② 가장 큰 수를 85210, 가장 작은 수를 10258이라고 한 경우	4
	③ 85210−10258=74952로 계산한 경우	5
답	74952라고 쓴 경우	2
총점		15

P. 53

1

풀이 사각형 ㄱㄴㄷㄹ은 직선 ㄴㄹ을 대칭축으로 하는 선대칭도형이므로 (변 ㄱㄹ)=(변 ㄷㄹ), (변 ㄱㄴ)=(변 ㄷㄴ)=9 cm입니다. 사각형 ㄴㅁㅂㄷ은 점대칭도형이므로 (변 ㄴㄷ)=(변 ㅂㅁ)=9 cm입니다. 도형 ㄱㄴㅁㅂㄷㄹ에서 (변 ㅂㄷ)=(변 ㄱㄴ)+1=9+1=10 (cm)이고 (변 ㅂㄷ)=(변 ㄴㅁ)=10 cm입니다. (도형 ㄱㄴㅁㅂㄷㄹ의 둘레)=9+10+9+10+(변 ㄷㄹ)+(변 ㄱㄹ)=44 (cm)에서 (변 ㄷㄹ)+(변 ㄱㄹ)=44−38=6 (cm)이므로 (변 ㄷㄹ)=3 cm입니다.

답 3 cm

오답 제로를 위한 채점 기준표

	세부 내용	점수
풀이 과정	① 변 ㄱㄴ과 변 ㄷㄴ의 길이를 9 cm라고 한 경우	3
	② 변 ㄴㄷ과 변 ㅂㅁ의 길이를 9 cm라고 한 경우	3
	③ 변 ㅂㄷ과 변 ㄱㄴ의 길이를 10 cm라고 한 경우	3
	④ 변 ㅂㄷ과 변 ㄴㅁ의 길이를 10 cm라고 한 경우	3
	⑤ 도형 ㄱㄴㅁㅂㄷㄹ의 둘레의 길이 44 cm에서 변 ㄷㄹ과 변 ㄱㄹ의 길이를 구해낸 경우	6
답	3 cm라고 쓴 경우	2
총점		20

2

풀이

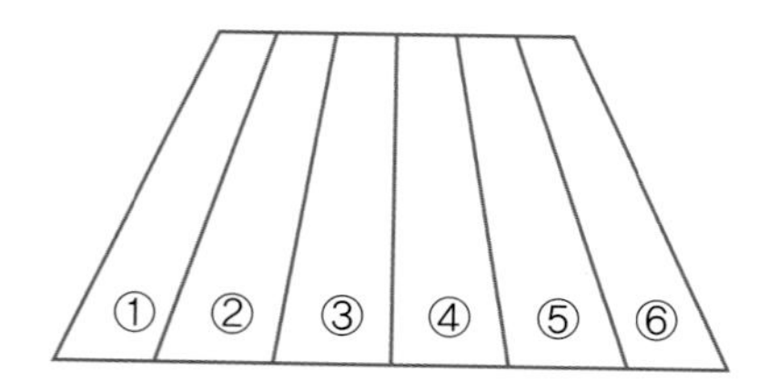

사각형 한 개로 이루어진 합동인 사각형 : ①과 ⑥, ②와 ⑤, ③과 ④ →3쌍

사각형 2개로 이루어진 합동인 사각형 : ①+②와 ⑥+⑤, ②+③과 ⑤+④ →2쌍

사각형 3개로 이루어진 합동인 사각형 : ①+②+③과 ⑥+⑤+④, ②+③+④와 ⑤+④+③→2쌍

사각형 4개로 이루어진 합동인 사각형 : ①+②+③+④와 ⑥+⑤+④+③→1쌍

사각형 5개로 이루어진 합동인 사각형 : ①+②+③+④+⑤와 ⑥+⑤+④+③+②→ 1쌍

따라서 크고 작은 합동인 사각형은 모두

3+2+2+1+1=9(쌍)입니다.

답 9쌍

오답 제로를 위한 **채점 기준표**

	세부 내용	점수
풀이 과정	① 사각형 한 개로 이루어진 합동인 사각형을 3쌍이라고 한 경우	3
	② 사각형 2개로 이루어진 합동인 사각형을 2쌍이라고 한 경우	3
	③ 사각형 3개로 이루어진 합동인 사각형을 2쌍이라고 한 경우	3
	④ 사각형 4개로 이루어진 합동인 사각형을 1쌍이라고 한 경우	3
	⑤ 사각형 5개로 이루어진 합동인 사각형을 1쌍이라고 한 경우	3
	⑥ 따라서 크고 작은 합동인 사각형을 9쌍이라고 한 경우	3
답	9쌍이라고 쓴 경우	2
총점		20

3

풀이 삼각형 ㅁㄴㄷ은 정삼각형이므로 (각 ㅁㄴㄷ)=60°이고, 삼각형 ㄱㄴㅂ과 삼각형 ㅁㄴㅂ은 합동이므로 (각 ㅁㄴㅂ)=(각 ㄱㄴㅂ)=(90°-60°)÷2=15°입니다. (각 ㄱㅂㄴ)=(각 ㅁㅂㄴ)=180°-90°-15°=75°이므로 ㉠=180°-(각 ㄱㅂㄴ)-(각 ㅁㅂㄴ)=180°-75°-75°=30°입니다.

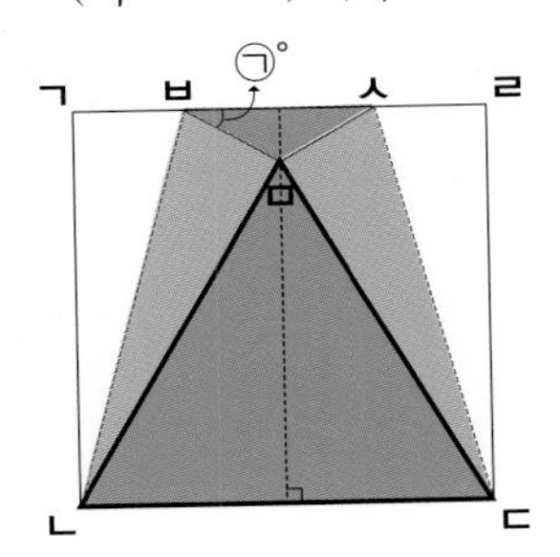

답 30°

오답 제로를 위한 **채점 기준표**

	세부 내용	점수
풀이 과정	① 색종이를 접었을 때, 만들어지는 모양이 정삼각형인 것을 인지한 경우	6
	② 각 ㅁㄴㅂ과 각 ㄱㄴㅂ을 15°라고 표현한 경우	4
	③ 각 ㄱㅂㄴ과 각 ㅁㅂㄴ을 75°라고 표현한 경우	4
	④ ㉠=30°라고 한 경우	4
답	30°라고 쓴 경우	2
총점		20

4

풀이 모눈 한 칸의 넓이는 1 cm^2이고 그린 부분에서 겹치는 곳의 넓이는 모눈 8칸의 넓이인 8 cm^2와 모눈 4칸 넓이의 반만큼인 2 cm^2를 더한 10 cm^2입니다.

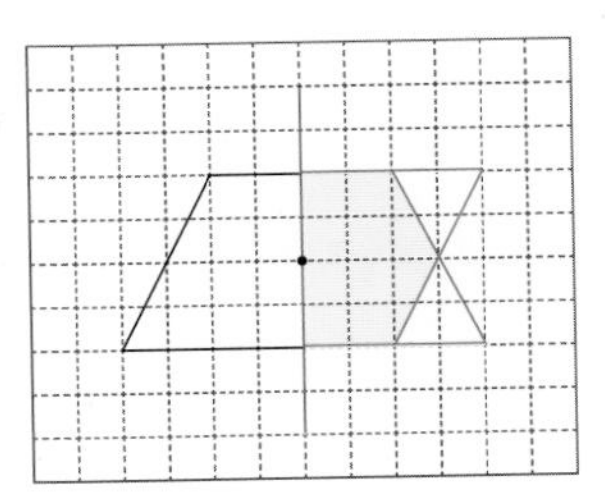

답 10 cm^2

오답 제로를 위한 **채점 기준표**

	세부 내용	점수
풀이 과정	① 선대칭도형을 바르게 그린 경우	4
	② 점대칭도형을 바르게 그린 경우	4
	③ 겹치는 곳의 넓이를 10칸$\left(8+4\times\frac{1}{2}\right)$이라고 한 경우	6
	④ 겹치는 곳의 넓이를 10 cm^2라고 한 경우	4
답	10 cm^2라고 쓴 경우	2
총점		20

P. 56

문제 정사각형과 정삼각형은 선대칭도형입니다. 두 도형의 대칭축의 개수는 모두 몇 개인지 구하려고 합니다. 풀이 과정을 쓰고, 답을 구하세요.

오답 제로를 위한 **채점 기준표**

	세부 내용	점수
문제	① 주어진 낱말을 사용한 경우	10
	② 대칭축의 개수의 합을 구하는 문제를 만든 경우	15
총점		25

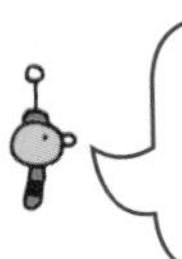

제시된 풀이는 모범답안이므로 채점 기준표를 참고하여 채점하세요.

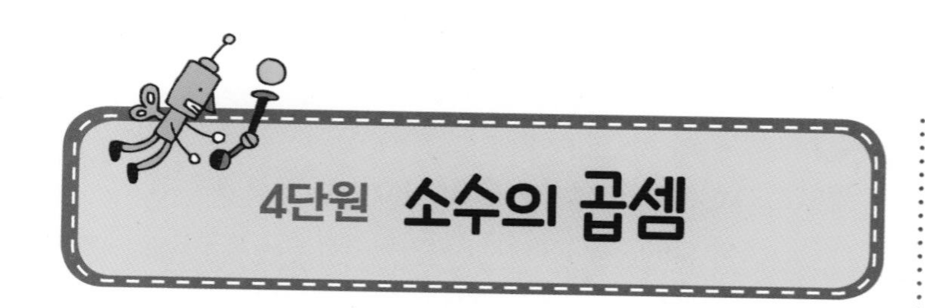

(소수)×(자연수)

STEP 1 P. 58

1단계 과정

2단계 ㉡, ㉣

3단계 분수, 곱셈

4단계 10, $\frac{8}{10}$ / $\frac{8}{10}$, $\frac{32}{10}$, 3.2 / 10, 4, 8, 32, 3.2 / 10, 4, 8, 32, 3.2 / 42.8

5단계 42.8

STEP 2 P. 59

1단계 16.4

2단계 한, 무게

3단계 12, 곱합니다

4단계 12 / 12, 164, 12 / 164, 12 / 1968, 196.8

5단계 따라서 색연필 한 타의 무게는 196.8 g입니다.

STEP 3 P. 60

❶

풀이 3, $\frac{1923}{100}$, 19.23 / 19.23 / 작은, 20

답 20

오답 제로를 위한 채점 기준표

	세부 내용	점수
풀이 과정	① 6.41×3=19.23이라 한 경우	3
	② □ 〉 19.23이라 한 경우	3
	③ □ 안에 들어갈 수 있는 가장 작은 자연수를 20이라 한 경우	3
답	20을 쓴 경우	1
총점		10

❷

풀이 $24.6\times4=\frac{246}{10}\times4=\frac{246\times4}{10}=\frac{984}{10}=98.4$이므로 □〈98.4입니다. 따라서 □ 안에 들어갈 수 있는 가장 큰 자연수는 98입니다.

답 98

오답 제로를 위한 채점 기준표

	세부 내용	점수
풀이 과정	① 24.6×4=98.4라 한 경우	5
	② □〈98.4라 한 경우	5
	③ □ 안에 들어갈 수 있는 가장 큰 자연수는 98이라 한 경우	3
답	98을 쓴 경우	2
총점		15

(자연수)×(소수)

STEP 1 P. 61

1단계 4, 1.8

2단계 넓이

3단계 밑변, 높이 / $\frac{1}{10}$

4단계 밑변, 높이, 4 / 72, $\frac{1}{10}$, 7.2

5단계 7.2

STEP 2 P. 62

1단계 1.2, 1.3, 0.12

2단계 큰, 합

3단계 분수, 더합니다

4단계 12, 60, 6 / 13, 52, 5.2 / 12, 84, 0.84 / 6, 0.84, 6 / 0.84 / 0.84, 6.84

5단계 따라서 계산 결과가 가장 큰 것과 가장 작은 것을 찾아 두 곱의 합을 소수로 나타내면 6.84입니다.

STEP 3 ········· P. 63

❶

풀이 세로, 3 / 0.3, 0.3, 2.7 / 2.7, $\frac{27}{10}$, $\frac{81}{10}$, 8.1

답 $8.1\ m^2$

오답 제로를 위한 **채점 기준표**

세부 내용		점수
풀이 과정	① 직사각형의 가로 3 m, 세로 2.7 m라 한 경우	3
	② 직사각형의 넓이를 3×2.7로 나타낸 경우	3
	③ 3×2.7=8.1 (m^2)라 한 경우	3
답	8.1 m^2를 쓴 경우	1
총점		10

❷

풀이 (직사각형의 넓이)=(가로)×(세로)이므로 직사각형의 가로와 세로를 먼저 구합니다. (직사각형의 가로)=4 m이고, (직사각형의 세로)=(직사각형의 가로)−0.4=4−0.4=3.6 (m)입니다. 따라서 (직사각형의 넓이)=4×3.6=$4\times\frac{36}{10}=\frac{144}{10}$=14.4 ($m^2$)입니다.

답 $14.4\ m^2$

오답 제로를 위한 **채점 기준표**

세부 내용		점수
풀이 과정	① 직사각형의 가로 4 m, 세로 3.6 m라 한 경우	5
	② 직시각형의 넓이를 4×3.6으로 나타낸 경우	5
	③ 4×3.6=14.4 (m^2)라 한 경우	3
답	14.4 m^2를 쓴 경우	2
총점		15

(소수)×(소수)

STEP 1 ········· P. 64

1단계 0.8, 1.2

2단계 진영, 소수

3단계 곱해서

4단계 1.2 / 8, 12 / 8, 12 / 96, 0.96

5단계 0.96

STEP 2 ········· P. 65

1단계 84.5

2단계 3, 45, 거리

3단계 곱합니다

4단계 45, 3, 75 / 75 / 3.75, 316.875

5단계 따라서 자동차가 3시간 45분 동안 간 거리는 316.875 km입니다.

STEP 3 ········· P. 66

❶

풀이 2.5 / $\frac{25}{10}$, $\frac{625}{100}$, 6.25 / 6.25, 40 / 40, 25000, 250 / 250

답 $250\ cm^2$

오답 제로를 위한 **채점 기준표**

세부 내용		점수
풀이 과정	① (정사각형 모양 타일 한 장의 넓이)=2.5×2.5=6.25 (cm^2)라 한 경우	4
	② (타일 40장의 넓이)=6.25×40=250 (cm^2)라 한 경우	4
	③ 벽에 붙인 타일의 넓이를 250 cm^2라 한 경우	1
답	250 cm^2를 쓴 경우	1
총점		10

❷

풀이 (색종이 한 장의 넓이)=10.5×10.5

$=\frac{105}{10}\times\frac{105}{10}=\frac{11025}{100}$=110.25 ($cm^2$)입니다.

(색종이 35장의 넓이)=110.25×35

$=\frac{11025}{100}\times35=\frac{385875}{100}$=3858.75 ($cm^2$)입니다.

따라서 사용한 색종이의 넓이는 모두 3858.75 cm^2입니다.

답 $3858.75\ cm^2$

제시된 풀이는 모범답안이므로 채점 기준표를 참고하여 채점하세요.

오답 제로를 위한 **채점 기준표**

	세부 내용	점수
풀이 과정	① (색종이 한 장의 넓이)=10.5×10.5=110.25 (cm^2)라 한 경우	5
	② (색종이 35장의 넓이)=110.25×35=3858.75 (cm^2)라 한 경우	5
	③ 사용한 색종이의 넓이는 모두 3858.75 cm^2라 한 경우	3
답	3858.75 cm^2를 쓴 경우	2
총점		15

곱의 소수점의 위치

STEP 1 ······ P. 67

1단계 5628

2단계 ㉠, ㉢

3단계 왼쪽 / 아래, 아래 / 같음

4단계 562.8, 56.28, 56.28

5단계 ㉠

STEP 2 ······ P. 68

1단계 912, ㉣

2단계 다른

3단계 아래, 왼쪽 / 소수점 / 아래, 아래 / 같음

4단계 0.912, 9.12, 0.912, 0.912

5단계 따라서 곱의 소수점 아래 자리 수가 다른 하나는 ㉡입니다.

STEP 3 ······ P. 69

1

풀이 오른, 두 / 100, 왼 / 두, 0.01 / 네, 10000 / 10000

답 10000배

오답 제로를 위한 **채점 기준표**

	세부 내용	점수
풀이 과정	① ㉠=100, ㉡=0.01이라 한 경우	3
	② 100은 0.01의 10000배라 한 경우	3
	③ ㉠은 ㉡의 10000배라 한 경우	3
답	10000배를 쓴 경우	1
총점		10

2

풀이 122.8×㉠=12.28에서 122.8의 소수점이 왼쪽으로 한 자리 옮겨져서 12.28이 된 것이므로 ㉠=0.1이고, 122.8×㉡=1228에서 122.8의 소수점이 오른쪽으로 한 자리 옮겨져 1228이 된 것이므로 ㉡=10입니다. 0.1은 10의 소수점을 왼쪽으로 두 자리 옮긴 수이므로 10의 0.01배입니다. 따라서 ㉠은 ㉡의 0.01배입니다.

답 0.01배

오답 제로를 위한 **채점 기준표**

	세부 내용	점수
풀이 과정	① ㉠=0.1, ㉡=10이라 한 경우	5
	② 0.1은 10의 0.01배라 한 경우	5
	③ ㉠은 ㉡의 0.01배라 한 경우	3
답	0.01배 쓴 경우	2
총점		15

······ P. 70

1

풀이 1.25×4=5이므로 일의 자리 숫자는 5이고, 소수 첫째 자리 숫자는 5-3=2인 소수 한 자리 수는 5.2입니다. 그러므로 ㉠=5.2입니다.

1.4×5=7이고 1.6×6=9.6이므로 7보다 크고 9.6보다 작은 자연수는 8, 9입니다. 이 중 더 큰 수는 9입니다. 그러므로 ㉡=9입니다.

따라서 ㉠×3+㉡×1.2=5.2×3+9×1.2=15.6+10.8=26.4입니다.

답 26.4

오답 제로를 위한 **채점 기준표**

	세부 내용	점수
풀이 과정	① ㉠=5.2라 한 경우	6
	② ㉡=9라 한 경우	6
	③ ㉠×3+㉡×1.2=26.4라 한 경우	6
답	26.4를 쓴 경우	2
총점		20

❷

풀이

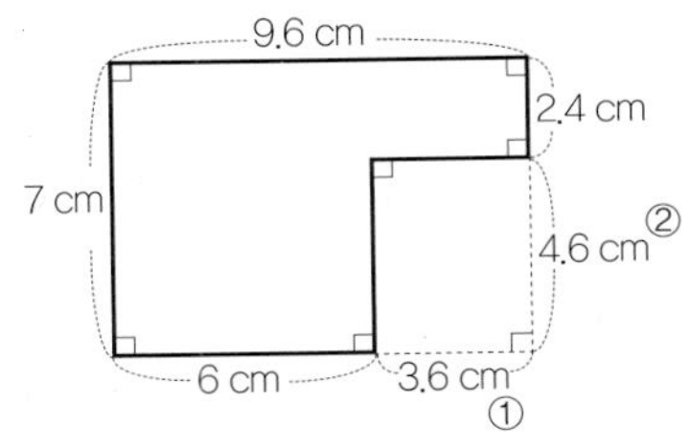

(①의 길이)=9.6-6=3.6 (cm), (②의 길이)=7-2.4=4.6 (cm)이므로 (도형의 넓이)=(가로 9.6 cm, 세로 7 cm인 직사각형의 넓이)-(가로 3.6 cm, 세로 4.6 cm인 직사각형의 넓이)로 구합니다. 따라서 (도형의 넓이)=9.6×7-3.6×4.6=67.2-16.56=50.64 (cm^2)입니다.

답 50.64 cm^2

오답 제로를 위한 **채점 기준표**

세부 내용		점수
풀이 과정	① 도형의 넓이를 구하는 방법을 설명한 경우(다양한 풀이가 가능합니다.)	6
	② ①의 방법대로 식을 쓴 경우	6
	③ 도형의 넓이를 50.64 cm^2라 한 경우	6
답	50.64 cm^2를 쓴 경우	2
총점		20

❸

풀이 지영이의 키의 0.08은 (지영이 키)×0.08=1.5×0.08=0.12 (m)이므로 (엄마의 키)=(지영이의 키)+(지영이의 키)×0.08=1.5+0.12=1.62 (m)입니다.
(아빠의 키)=(엄마의 키)×1.1=1.62×1.1=1.782 (m)입니다. 1 m=100 cm이므로 1.782 m=178.2 cm입니다.
따라서 아빠의 키는 178.2 cm입니다.

답 178.2 cm

오답 제로를 위한 **채점 기준표**

세부 내용		점수
풀이 과정	① (엄마의 키)=1.5+0.12=1.62 (m)라 한 경우	7
	② (아빠의 키)=1.62×1.1=1.782 (m)라 한 경우	7
	③ 아빠의 키는 178.2 cm라 한 경우	4
답	178.2 cm를 쓴 경우	2
총점		20

❹

풀이 4분 15초=$4\frac{15}{60}$분=$4\frac{1}{4}$분=$4\frac{25}{100}$분=4.25분입니다.
(4분 15초 후 남은 양초의 길이)=(처음 양초의 길이)-(4분 15초 동안 줄어든 길이)=30-0.2×4.25=30-0.85=29.15 (cm)입니다.

답 29.15 cm

오답 제로를 위한 **채점 기준표**

세부 내용		점수
풀이 과정	① 4분 15초를 4.25분이라 한 경우	6
	② 4분 15초 후 남은 양초의 길이를 구하는 방법을 설명한 경우	6
	③ (남은 양초의 길이)=30-0.2×4.25=29.15 (cm)라 한 경우	6
답	29.15 cm를 쓴 경우	2
총점		20

P. 72

문제 책 한 권의 무게는 0.98 kg입니다. 책 8권의 무게는 모두 몇 g인지 풀이 과정을 쓰고 답을 구하세요. (단, 책의 무게는 모두 같습니다.)

오답 제로를 위한 **채점 기준표**

세부 내용		점수
문제	① 0.98 kg, 책, 8권을 모두 포함한 경우	10
	② 책 8권의 무게를 구하는 문제를 만든 경우	15
총점		25

제시된 풀이는 모범답안이므로
채점 기준표를 참고하여 채점하세요.

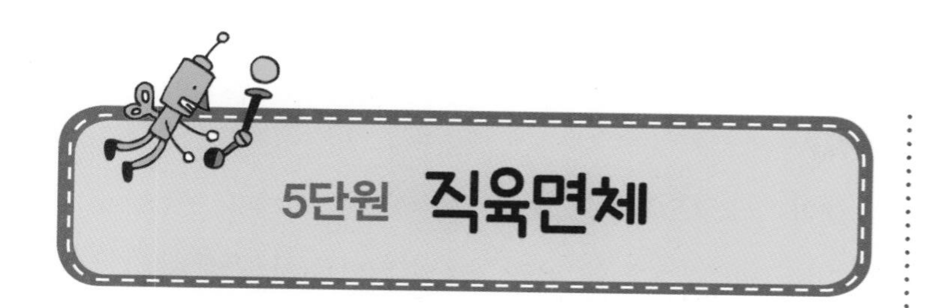

5단원 직육면체

핵심유형 1 직육면체와 정육면체

STEP 1 ······ P. 74

1단계 직육면체

2단계 합

3단계 직사각형

4단계 6 / 3, 3 / 4 / 3, 3, 4, 16

5단계 16

STEP 2 ······ P. 75

1단계 정육면체

2단계 큰, 차

3단계 정사각형

4단계 6 / 6, 8, 12 / 12 / 6, 12, 6, 6

5단계 따라서 □ 안에 들어갈 수 중 가장 큰 수와 가장 작은 수의 차는 6입니다.

STEP 3 ······ P. 76

1

풀이 같습니다 / 12, 16 / 12, 16, 192

답 192 cm

오답 제로를 위한 채점 기준표

	세부 내용	점수
풀이 과정	① 정육면체는 모든 모서리의 길이가 같다고 한 경우	3
	② 모든 모서리의 길이의 합을 16×12라 한 경우	3
	③ 계산하여 192 cm로 나타낸 경우	3
답	192 cm를 쓴 경우	1
총점		10

2

풀이 직육면체는 길이가 같은 모서리가 4개씩 3쌍 있습니다. 따라서 (만든 상자의 모든 모서리의 길이의 합) =(10+8+6)×4=96 (cm)입니다.

답 96 cm

오답 제로를 위한 채점 기준표

	세부 내용	점수
풀이 과정	① 직육면체는 길이가 같은 모서리가 각각 4개씩 3쌍 있다고 한 경우	4
	② 모든 모서리의 길이의 합은 (10+8+6)×4로 나타낸 경우	4
	③ 계산하여 96 cm라 한 경우	5
답	96 cm를 쓴 경우	2
총점		15

핵심유형 2 직육면체의 겨냥도

STEP 1 ······ P. 77

1단계 겨냥도

2단계 잘못

3단계 실선, 점선, 겨냥도

4단계 3 / 3, 9, 3 / 7, 1

5단계 ㉢

STEP 2 ······ P. 78

1단계 12, 10, 8

2단계 보이지 않는, 합

3단계 보이지 않는

4단계 점선, 합 / 12, 10, 8, 30

5단계 따라서 직육면체의 겨냥도에서 보이지 않는 모서리의 길이의 합은 30 cm입니다.

STEP 3 ······ P. 79

1

풀이 4 / ㅁㅂㅅㅇ, ㅁㅂㅅㅇ / 12, 7, 12, 7 / 12, 7, 12, 7, 38

답 38 cm

오답 제로를 위한 **채점 기준표**

	세부 내용	점수
풀이 과정	① 면 ㄱㄴㄷㄹ과 평행한 면은 면 ㅁㅂㅅㅇ임을 나타낸 경우	3
	② 면 ㅁㅂㅅㅇ의 네 변의 길이는 12 cm, 7 cm, 12 cm, 7 cm임을 나타낸 경우	2
	③ 네 모서리의 길이의 합은 12+7+12+7=38 (cm)라 한 경우	4
답	38 cm라고 쓴 경우	1
총점		10

2

풀이 면 ㄱㅁㅇㄹ과 평행한 모서리는 면 ㄱㅁㅇㄹ과 평행한 면에 있는 4개의 모서리입니다. 면 ㄱㅁㅇㄹ과 평행한 면은 ㄴㅂㅅㄷ이고 면 ㄴㅂㅅㄷ의 네 변의 길이는 5 cm, 3 cm, 5 cm, 3 cm입니다. 따라서 면 ㄱㅁㅇㄹ과 평행한 모서리의 길이의 합은 5+3+5+3=16 (cm)입니다.

답 16 cm

오답 제로를 위한 **채점 기준표**

	세부 내용	점수
풀이 과정	① 면 ㄱㅁㅇㄹ과 평행한 면은 면 ㄴㅂㅅㄷ임을 나타낸 경우	4
	② 면 ㄴㅂㅅㄷ의 네 변의 길이는 5 cm, 3 cm, 5 cm, 3 cm라 한 경우	4
	③ 네 모서리의 길이의 합은 5+3+5+3=16 (cm)라고 한 경우	5
답	16 cm라고 쓴 경우	2
총점		15

정육면체의 전개도

STEP 1 P. 80

1단계 3, 전개도

2단계 둘레

3단계 3

4단계 6 / 6, 14 / 14, 42

5단계 42

STEP 2 P. 81

1단계 12, 전개도

2단계 둘레

3단계 12

4단계 6 / 6, 14 / 14, 168

5단계 따라서 정육면체의 전개도의 둘레는 168 cm입니다.

STEP 3 P. 82

1

풀이 7 / 1, 6 / 2, 5 / 3, 4 / 6, 5, 4

답 면 ㉠ : 6, 면 ㉡ : 5, 면 ㉢ : 4

오답 제로를 위한 **채점 기준표**

	세부 내용	점수
풀이 과정	① 면 ㉠의 눈의 수를 6이라 한 경우	3
	② 면 ㉡의 눈의 수를 5이라 한 경우	3
	③ 면 ㉢의 눈의 수를 4라고 한 경우	3
답	면 ㉠ : 6, 면 ㉡ : 5, 면 ㉢ : 4를 모두 쓴 경우	1
총점		10

2

풀이 전개도를 접었을 때 서로 마주보는 면의 눈의 수의 합은 7입니다. 면 ㉠과 평행한 면의 눈의 수는 5이므로 면 ㉠의 눈의 수는 2, 면 ㉡과 평행한 면의 눈의 수는 6이므로 면 ㉡의 눈의 수는 1, 면 ㉢과 평행한 면의 눈의 수는 4이므로 면 ㉢의 눈의 수는 3입니다. 따라서 면 ㉠의 눈의 수는 2, 면 ㉡의 눈의 수는 1, 면 ㉢의 눈의 수는 3입니다.

답 면 ㉠ : 2, 면 ㉡ : 1, 면 ㉢ : 3

오답 제로를 위한 **채점 기준표**

	세부 내용	점수
풀이 과정	① ㉠의 눈의 수를 2라 한 경우	3
	② ㉡의 눈의 수를 1이라 한 경우	3
	③ ㉢의 눈의 수를 3이라 한 경우	3
답	면 ㉠ : 2, 면 ㉡ : 1, 면 ㉢ : 3을 모두 쓴 경우	1
총점		10

제시된 풀이는 모범답안이므로
채점 기준표를 참고하여 채점하세요.

직육면체의 전개도

STEP 1 P. 83

1단계 전개도

2단계 ㄱㄴ, ㅎㅍ / 합

3단계 같습니다

4단계 ㅈㅇ, 6 / ㅊㅋ, 7 / 6, 7, 13

5단계 13

STEP 2 P. 84

1단계 전개도

2단계 ㄱㄴㄷㅎ

3단계 마주보는

4단계 ㅊㅅㅂㅍ / 8, 5 / 5, 5, 26

5단계 따라서 직육면체의 전개도를 접었을 때 면 ㄱㄴㄷㅎ과 평행한 면의 둘레는 26 cm입니다.

STEP 3 P. 85

1

풀이 수직, 평행 / ㉢ / ㉠, ㉡, ㉣, ㉤

답 면 ㉠, 면 ㉡, 면 ㉣, 면 ㉤

오답 제로를 위한 **채점 기준표**

	세부 내용	점수
풀이 과정	① 색칠한 면과 면 ㉢이 평행함을 나타낸 경우	3
	② 면 ㉢을 제외한 네 면은 색칠한 면과 모두 수직임을 나타낸 경우	3
	③ 색칠한 면과 수직인 면은 면 ㉠, 면 ㉡, 면 ㉣, 면 ㉤임을 나타낸 경우	3
답	면 ㉠, 면 ㉡, 면 ㉣, 면 ㉤이라고 모두 쓴 경우	1
총점		10

2

풀이 전개도를 접었을 때 색칠한 면과 수직인 면은 색칠한 면과 만나는 면으로 평행한 면을 제외한 나머지 면입니다. 색칠한 면과 평행한 면은 면 ㉤이므로 색칠한 면과 수직인 면은 면 ㉠, 면 ㉡, 면 ㉢, 면 ㉣입니다.

답 면 ㉠, 면 ㉡, 면 ㉢, 면 ㉣

오답 제로를 위한 **채점 기준표**

	세부 내용	점수
풀이 과정	① 색칠한 면과 면 ㉤이 평행함을 나타낸 경우	4
	② 면 ㉤을 제외한 네 면은 색칠한 면과 모두 수직임을 나타낸 경우	5
	③ 색칠한 면과 수직인 면은 면 ㉠, 면 ㉡, 면 ㉢, 면 ㉣임을 나타낸 경우	4
답	면 ㉠, 면 ㉡, 면 ㉢, 면 ㉣이라고 모두 쓴 경우	2
총점		15

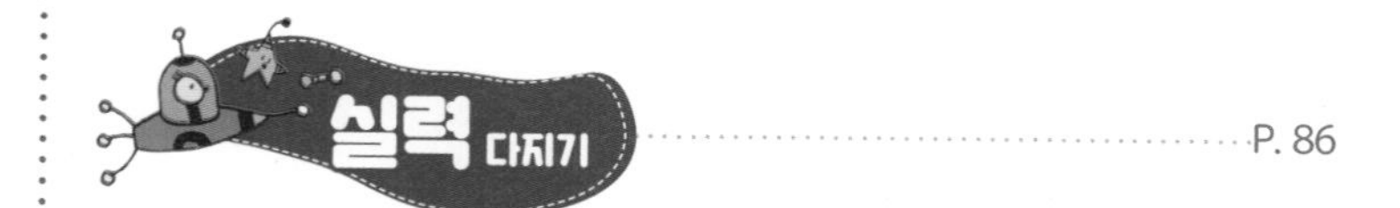

P. 86

1

풀이 보이지 않는 면의 수는 3개이므로 ㉠=3, 보이는 모서리의 수는 9개이므로 ㉡=9, 보이는 꼭짓점의 수는 7개이므로 ㉢=7입니다.
따라서 ㉠×㉡+㉢=3×9+7=27+7=34입니다.

답 34

오답 제로를 위한 **채점 기준표**

	세부 내용	점수
풀이 과정	① ㉠은 3이라 한 경우	4
	② ㉡은 9라 한 경우	4
	③ ㉢은 7이라 한 경우	4
	④ ㉠×㉡+㉢=3×9+7=27+7=34라고 한 경우	6
답	34라고 쓴 경우	2
총점		20

2

풀이 전개도에서 서로 평행한 알파벳을 찾으면 A와 C, D와 F, B와 E입니다. 전개도를 접었을 때 서로 평행한 면은 만나지 않아야 하는데 ㉮와 ㉰는 평행한 면이 만나므로 전개도를 접어 만든 정육면체가 아닙니다. 따라서 전개도를 접어서 만들 수 있는 정육면체는 ㉯입니다.

답 ㉯

오답 제로를 위한 **채점 기준표**

	세부 내용	점수
풀이 과정	① 전개도에서 서로 평행한 면의 알파벳을 A와 C, D와 F, B와 E라 한 경우	6
	② 서로 평행한 면은 만나지 않아야 하는데 ㉮와 ㉰는 평행한 면이 만나고 있음을 설명한 경우	6
	③ 전개도를 접어서 만들 수 있는 정육면체를 ㉯라 한 경우	6
답	㉯라고 쓴 경우	2
총점		20

3

풀이 위와 옆에서 본 모양을 보고 이 직육면체의 가로를 40 cm라 하면 세로는 30 cm, 높이는 45 cm입니다. 따라서 사물함의 모든 모서리의 길이의 합은 (40+30+45)×4=115×4=460 (cm)입니다.

답 460 cm

오답 제로를 위한 **채점 기준표**

	세부 내용	점수
풀이 과정	① 가로를 40 cm라 하면 세로는 30 cm, 높이는 45 cm라 한 경우	6
	② 모든 모서리의 길이의 합은 (40+30+45)×4로 나타낸 경우	6
	③ 460 cm로 계산한 경우	6
답	460 cm라고 쓴 경우	2
총점		20

4

풀이 상자를 묶는 데 사용한 끈은 50 cm 2군데, 30 cm 2군데, 15 cm 4군데와 리본의 길이 20 cm입니다. 따라서 (상자를 묶는 데 사용한 끈의 길이)=50×2+30×2+15×4+20=100+60+60+20=240 (cm)입니다.

답 240 cm

오답 제로를 위한 **채점 기준표**

	세부 내용	점수
풀이 과정	① 상자를 묶는 데 사용한 끈은 50 cm 2군데, 30 cm 2군데, 15 cm 4군데와 리본의 길이 20 cm라 한 경우	7
	② (상자를 묶는 데 사용한 끈의 길이)=50×2+30×2+15×4+20으로 나타낸 경우	7
	③ 240 cm로 계산한 경우	4
답	240 cm라고 쓴 경우	2
총점		20

P. 88

문제 직육면체에서 색칠한 면의 둘레는 몇 cm인지 풀이 과정을 쓰고, 답을 구하세요.

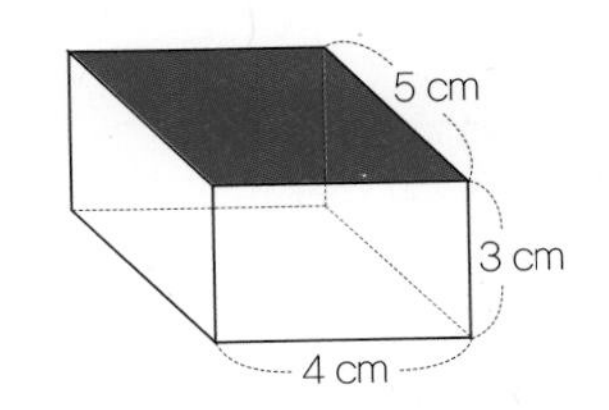

오답 제로를 위한 **채점 기준표**

	세부 내용	점수
문제	① 주어진 그림을 이용한 경우	5
	② 주어진 낱말을 모두 쓴 경우	5
	③ 색칠한 면의 둘레를 구하는 문제 만든 경우	5
총점		15

제시된 풀이는 모범답안이므로
채점 기준표를 참고하여 채점하세요.

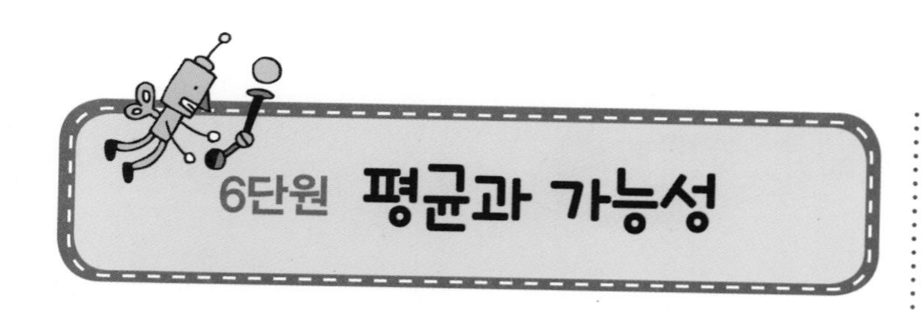

평균, 평균 구하기

STEP 1 P. 90

1단계 결석생

2단계 평균

3단계 평균, 자료

4단계 평균, 자료 / 3, 6, 7, 5, 5

5단계 5

STEP 2 P. 91

1단계 몸무게

2단계 평균

3단계 평균, 평균 / 가벼운

4단계 31.5, 37.2, 5 / 185, 5, 37 / 37, 35.3, 영서

5단계 따라서 몸무게가 평균보다 가벼운 사람은 2명입니다.

STEP 3 P. 92

1

풀이 높은 / 30, 6, 5 / 24, 4, 6 / 6, 지훈

답 지훈

오답 제로를 위한 채점 기준표

	세부 내용	점수
풀이 과정	① 보라의 평균 점수가 5점이라고 한 경우	3
	② 지훈이의 평균 점수가 6점이라고 한 경우	3
	③ 지훈이가 더 잘했다고 한 경우	3
답	지훈이라고 쓴 경우	1
총점		10

2

풀이 하루에 생산하는 호미의 개수가 일정하므로 (A 공장에서 하루에 생산하는 호미의 수) $=420\div5=84$(개)이고 (B 공장에서 하루에 생산하는 호미의 수)$=120\div2$ $=60$(개)입니다. 따라서 A 공장과 B 공장에서 3일 동안 생산하는 호미는 모두 $(84+60)\times3=144\times3=432$(개)입니다.

답 432개

오답 제로를 위한 채점 기준표

	세부 내용	점수
풀이 과정	① A 공장은 하루에 84개를 생산한다고 한 경우	5
	② B 공장은 하루에 60개를 생산한다고 한 경우	5
	③ A 공장과 B 공장에서 3일 동안 생산하는 호미는 432개라고 한 경우	3
답	432개라고 쓴 경우	2
총점		15

평균 이용하기

STEP 1 P. 93

1단계 멀리뛰기

2단계 3

3단계 평균

4단계 109, 107 / 113 / 112, 112 / 111 / 113, 111

5단계 3, 성주

STEP 2 P. 94

1단계 24, 횟수

2단계 5

3단계 평균, 합

4단계 24 / 31, 26 / 26

5단계 따라서 은수가 5회에 한 윗몸 일으키기는 26번입니다.

STEP 3 P. 95

1

풀이 11.5 / 11.5, 5, 57.5 / 57.5, 9.5, 12.5, 13.5

답 13.5초

오답 제로를 위한 **채점 기준표**

	세부 내용	점수
풀이 과정	① 기록의 총합을 57.5초라고 한 경우	3
	② 3회의 기록은 57.5−(9.5+10.5+12.5+11.5)라고 한 경우	3
	③ 3회 기록을 13.5초로 계산한 경우	3
답	13.5초라고 쓴 경우	1
총점		10

2

풀이 승우의 중간고사 점수의 평균은 89점이므로 네 과목의 총점은 89×4=356(점)입니다. 따라서 수학 점수는 356−(92+84+90)=90(점)입니다.

답 90점

오답 제로를 위한 **채점 기준표**

	세부 내용	점수
풀이 과정	① 네 과목 점수의 총점은 356점이라고 한 경우	5
	② 수학 점수는 356−(92+84+90)으로 나타낸 경우	6
	③ 수학 점수를 90점이라고 계산한 경우	2
답	90점이라고 쓴 경우	2
총점		15

일이 일어날 가능성을 말로 표현하기

STEP 1 P. 96

1단계 나현, 하진

2단계 가능성, 확실하다

3단계 확실하다

4단계 흰색 / 불가능하다, 그림 / 반반이다, 확실하다

5단계 하진

STEP 2 P. 97

1단계 연지, 선우

2단계 바르게

3단계 가능성, 반반이다

4단계 반반이다, 확실하다, 불가능하다

5단계 따라서 일이 일어날 가능성을 바르게 이야기한 사람은 의정이입니다.

STEP 3 P. 98

1

풀이 18 / 2, 4, 6, 8, 10, 12, 14 / 16, 18, 9 / 반반이다

답 반반이다

오답 제로를 위한 **채점 기준표**

	세부 내용	점수
풀이 과정	① 2에서 19까지의 수가 각각 적힌 수 카드는 모두 18장임을 나타낸 경우	3
	② 2의 배수는 2, 4, 6, 8, 10, 12, 14, 6, 18로 9장임을 나타낸 경우	3
	③ 수 카드 중에서 2의 배수가 나올 가능성은 '반반이다'라고 나타낸 경우	3
답	'반반이다'라고 쓴 경우	1
총점		10

2

풀이 1에서 30까지 쓰여 있는 구슬이 한 개씩 있으므로 구슬은 모두 30개이고 이 중 짝수가 15개, 짝수가 아닌 수가 15개입니다. 따라서 한 개의 구슬을 뽑았을 때 당첨 구슬이 아닐 가능성은 짝수가 아닌 수를 뽑는 경우이므로 가능성은 '반반이다'입니다.

답 반반이다

오답 제로를 위한 **채점 기준표**

	세부 내용	점수
풀이 과정	① 1에서 30까지 쓰여 있는 구슬은 모두 30개임을 나타낸 경우	4
	② 짝수는 15개, 짝수가 아닌 수는 15개라고 한 경우	5
	③ 한 개의 구슬을 뽑았을 때 당첨 구슬이 아닐 가능성은 '반반이다'라고 나타낸 경우	4
답	'반반이다'라고 쓴 경우	2
총점		15

제시된 풀이는 모범답안이므로 채점 기준표를 참고하여 채점하세요.

일이 일어날 가능성을 수로 표현하기

STEP 1 P. 99

1단계 시훈, 세민, 슬기

2단계 수, 1

3단계 가능성, 1 / $\frac{1}{2}$, 0

4단계 노란색, 반반이다 / $\frac{1}{2}$, 파란색 / 확실하다, 1 / 0 / 불가능하다, 0

5단계 세민

STEP 2 P. 100

1단계 8, 4

2단계 쓰지 않은, 가능성

3단계 쓰지 않은

4단계 4, 8, 반반이다, $\frac{1}{2}$

5단계 따라서 청소 당번이 안경을 쓰지 않은 사람일 가능성을 수로 표현하면 $\frac{1}{2}$입니다.

STEP 3 P. 101

1

풀이 3, 3 / 불가능하다, 0

답 0

오답 제로를 위한 **채점 기준표**

	세부 내용	점수
풀이 과정	① 꺼낸 지폐가 5000원일 가능성은 '불가능하다'라고 한 경우	4
	② 꺼낸 지폐가 5000원일 가능성을 수로 표현하면 0이라고 한 경우	5
답	0을 쓴 경우	1
총점		10

2

풀이 주사위를 굴렸을 때 나올 수 있는 눈의 수는 1, 2, 3, 4, 5, 6입니다. 이 중 나온 눈의 수가 7 이상일 가능성은 '불가능하다'입니다. 따라서 한 번 굴릴 때 나온 눈의 수가 7 이상일 가능성을 수로 표현하면 0입니다.

답 0

오답 제로를 위한 **채점 기준표**

	세부 내용	점수
풀이 과정	① 주사위를 굴렸을 때 나올 수 있는 눈의 수는 1, 2, 3, 4, 5, 6임을 나타낸 경우	4
	② 나온 눈의 수가 7 이상일 가능성은 '불가능하다'라고 나타낸 경우	5
	③ 한 번 굴릴 때 나온 눈의 수가 7 이상일 가능성을 수로 표현하면 0이라고 쓴 경우	4
답	0이라고 쓴 경우	2
총점		15

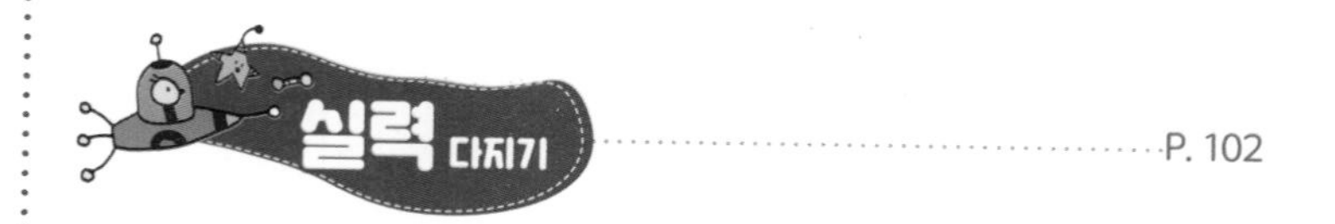

P. 102

1

풀이 새로 들어온 회원의 나이를 □살이라 하면 (25+19+17+23+□)÷5=22(살)입니다. 84+□=22×5, 84+□=110, □=110−84=26입니다. 따라서 새로 들어온 회원은 26살입니다.

답 26살

오답 제로를 위한 **채점 기준표**

	세부 내용	점수
풀이 과정	① 새로 들어온 회원의 나이를 □살이라 하면 (25+19+17+23+□)÷5=22(살)이라고 한 경우	8
	② □=26이라고 한 경우	8
	③ 새로 들어온 회원의 나이를 26살이라고 한 경우	2
답	26살이라고 쓴 경우	2
총점		20

2

풀이 1에서 12까지 쓰인 카드가 한 장씩 있으므로 수 카드는 모두 12장입니다. 12의 약수는 1, 2, 3, 4, 6, 12이므로 12의 약수가 쓰인 카드는 6장입니다. 따라서 카드 한 장을 꺼낼 때 카드의 수가 12의 약수일 가능성은 '반반이다'이고 수로 표현하면 $\frac{1}{2}$ 입니다.

답 반반이다, $\frac{1}{2}$

오답 제로를 위한 **채점 기준표**

	세부 내용	점수
풀이 과정	① 수 카드를 모두 12장이라고 한 경우	3
	② 12의 약수는 1, 2, 3, 6, 12로 6장이라고 한 경우	5
	③ 12의 약수를 꺼낼 가능성은 '반반이다'라고 한 경우	5
	④ 수로 표현하면 $\frac{1}{2}$ 이라고 한 경우	5
답	반반이다, $\frac{1}{2}$ 을 모두 쓴 경우	2
총점		20

③

풀이 (5회까지의 평균 점수)=(93+89+94+91+88)÷5=455÷5=91(점)이고, (6회까지의 평균 점수)=91+1=92(점)이므로 (6회까지의 점수의 총합)=92×6=552(점)입니다. 따라서 6회에서 유진이가 받은 점수는 552-(93+89+94+91+88)=552-455=97(점)입니다.

답 97점

오답 제로를 위한 **채점 기준표**

	세부 내용	점수
풀이 과정	① (5회까지 평균 점수)=(93+89+94+91+88)÷5=91(점)이라고 한 경우	5
	② (6회까지 평균 점수)=91+1=92(점)이라고 한 경우	4
	③ (6회까지 점수의 총합)=92×6=552(점)이라고 한 경우	4
	④ 6회에서 유진이가 받은 점수는 552−(93+89+94+91+88)=97(점)이라고 한 경우	5
답	97점이라고 쓴 경우	2
총점		20

④

풀이 (30일 동안 판매한 햄버거 개수의 합)=80×30=2400(개)이고, (18일 동안 판매한 햄버거 개수의 합)=62×18=1116(개)이므로 (나머지 12일 동안 판매한 햄버거의 개수의 합)=2400-1116=1284(개)입니다. 따라서 나머지 12일 동안 판매한 햄버거 개수의 평균은 1284÷12=107(개)입니다.

답 107개

오답 제로를 위한 **채점 기준표**

	세부 내용	점수
풀이 과정	① 30일 동안 판매한 햄버거 개수의 합 : 30×80=2400(개)라고 한 경우	4
	② 18일 동안 판매한 햄버거 개수의 합 : 18×62=1116(개)라고 한 경우	4
	③ 나머지 12일 동안 판매한 햄버거 개수의 합 : 2400−1116=1284(개)라고 한 경우	5
	④ 나머지 12일 동안 판매한 햄버거 개수의 평균 : 1284÷12=107(개)라고 한 경우	5
답	107개라고 쓴 경우	2
총점		20

P. 104

문제 주연이가 월요일부터 금요일까지 5일 동안 운동한 시간을 나타낸 표입니다. 5일 동안 운동한 시간의 평균은 몇 분인지 풀이 과정을 쓰고, 답을 구하세요.

5일 동안 운동한 시간

요일	월	화	수	목	금
운동 시간(분)	45	36	47	33	44

오답 제로를 위한 **채점 기준표**

	세부 내용	점수
문제	① 주어진 수를 모두 쓴 경우	5
	② 주어진 낱말을 모두 쓴 경우	5
	③ 평균을 구하는 문제를 만든 경우	5
총점		15

제시된 풀이는 모범답안이므로
채점 기준표를 참고하여 채점하세요.

MEMO

MEMO

MEMO

동영상 강의
무료 제공